The World Encyclopedia of
Oceans

海洋世界
大百科

李林春　主编

化学工业出版社
·北京·

图书在版编目（CIP）数据

海洋世界大百科/李林春主编.—北京：化学工业出
版社，2020.8
ISBN 978-7-122-37234-5

Ⅰ.①海…　Ⅱ.①李…　Ⅲ.①海洋-少儿读物　Ⅳ.
①P7-49

中国版本图书馆CIP数据核字（2020）第103888号

责任编辑：隋权玲　　　　　　　　　　　　文字编辑：李　曦
责任校对：宋　夏　　　　　　　　　　　　装帧设计：李子姮

出版发行：化学工业出版社（北京市东城区青年湖南街13号　邮政编码100011）
印　　装：北京瑞禾彩色印刷有限公司
889mm×1194mm　1/16　印张19　2021年1月北京第1版第1次印刷

购书咨询：010-64518888　　　　　　　　　　　　　售后服务：010-64518899
网　　址：http://www.cip.com.cn
凡购买本书，如有缺损质量问题，本书销售中心负责调换。

定　　价：168.00元

PREFACE

普及海洋知识　共创蓝色未来

　　海洋与人类的生存与发展息息相关。它，孕育了生命，发展了经济，承载着文明。中国是一个海洋大国，海洋面积约相当于陆地面积的三分之一，1.8 万千米的海岸线上，点缀着若干各具特色的港口城市。自古我们的先民就有"舟楫为舆马，巨海化夷庚"的海洋战略和"观于海者难为水，游于圣人之门者难为言"的海洋意识。如今，海洋更是我们赖以生存的"第二疆土"和"蓝色粮仓"。

　　2013 年，习近平总书记提出要进一步关心海洋、认识海洋、经略海洋。党的十八大作出了建设海洋强国的重大部署。海洋强国的建设，不仅需要强大的海洋科技、海洋经济、海洋军事等硬实力，也需要雄厚的海洋知识、海洋文化等软实力。而软实力的提升，要建立在国民对海洋认知更加普及、深入的基础上，因此，普及海洋知识、发展海洋文化显得尤为重要。少年儿童是国家的未来和希望，"少年智则国智"，向广大少年儿童普及海洋知识、帮他们了解海洋文化、形成海洋思维是海洋科普工作的重要环节。

　　近代中国之羸弱来自于海上，著名爱国华侨领袖陈嘉庚认为，振兴中华需"力挽海权，培育专才"。1920 年，陈嘉庚先生经过深思远虑创立了集美学校水产科，现已发展为厦门海洋职业技术学院，为国家培养海洋综合技术人才。2020 年，恰逢该校建校一百年。百年来，该校坚持"诚毅"的校训，坚守兴海济国的初心，在培养海洋人才的同时，勇于承担海洋知识普及教育的重任，积极在全社会普及海洋知识。本书编者全国优秀教师李林春教授，作为学校的教学领军人物，有着强烈的社会责任感和严谨的科学态度，坚持科学与人文并重。李教授总结多年海洋教学和科普实践，结合最新海洋发展前沿，遴选孩子们应知、需知和感兴趣的海洋知识，用孩子们喜闻乐见的形式，精心为少年儿童读者编写了这本体系完整、知识丰富、趣味十足的海洋科普读物。

本书内容涉及蓝色星球、海与洋、海洋地理、海水运动、多彩的海洋动物世界、丰富的海洋植物世界、海洋资源与利用、海洋危机与保护、未来海洋城市等九个维度，给少年儿童展示了一个丰富多彩的海洋世界。语言生动，特别注意少年儿童的阅读习惯和语言特点，并将之融入到知识的描述中，力求真实生动、通俗易懂。图文并茂，每个篇目都配有精美的手绘图，使阅读成为美好的视觉盛宴，让孩子在生动愉悦的阅读中，贴近科学真相。

海风海浪依旧，旧貌已换新颜。海洋强国的建设，已经取得了许多重大的突破，但仍需要更多中国人的参与，尤其是未来主人翁少年儿童的接力，才能真正走向深蓝，这需要我们海洋工作者做更多基础性工作。《海洋世界大百科》的出版，无疑就是一项面向少年儿童的重要基础性软工程，意义重大，影响深远。我们也期待越来越多从事海洋教育和海洋科研的人员加入海洋科普大军，坚持走依海富国、以海强国、人海和谐、合作共赢的发展道路，为实现海洋强国、打造海洋命运共同体，陈力以出，击水翻波！

中国工程院院士

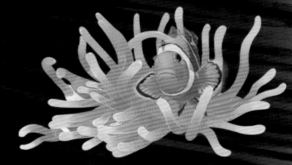

前言
PREFACE

    海洋浩瀚无边，宽广无际，构成了世界上97%的水体，是地球生命的摇篮。你眼中的海洋是什么样子的？我想一定是一片蔚蓝的海面，有咸湿的海风吹拂，翻涌的浪花袭来，大小船只往来航行，还有可爱的海洋动物和奇特的海洋植物。但这些还不是海洋的全部，尽管今天的科技已经十分发达，但人们对海洋仍然知之甚少。神秘的海洋还有许多不为人知的方面，等待我们去探索、去发现。

    《海洋世界大百科》这本书中汇集了目前人们对海洋已知的认识，从海洋是什么、海洋的环境，到海水的运动、海洋中的生物与宝贵资源、人们对海洋的开发、利用等方面，都进行了简洁、翔实的介绍，力求为读者还原一个生动的海洋世界。同时，本书还配有大量精美而写实的手绘画作，直观地描绘出了人们见过的或未曾见过的海洋群像，让读者可以系统地掌握海洋的相关知识，深切体会海洋的无穷魅力。另外，书中还介绍了受海洋影响而产生的独特的人类文明，展现了在人类历史中海洋的世代变迁。

    自古以来，人们一直享受着海洋的馈赠，借助海洋获取食物，通过海洋联通世界，深入海洋获得知识与财富。但长久以来，海洋也在人们的无度索取中遭到破坏，开始向人们发泄它的怒气。海啸、台风冲击着陆地，海洋污染危害着人类的健康……这一切灾难的后果都需要人类自己来承担。如何保护海洋，让人类与海洋和谐相处？相信在看完这本书后，我们的心中会有答案。

目录
CONTENTS

第一章

蓝色星球

地球上的水

　　20 世纪，人造卫星升入太空，人们在外太空看到了地球的"面貌"—— 一颗巨大的蓝色"水球"。地球表面超过 70% 的面积被液态水覆盖，其中最主要的组成部分是海洋，除此之外，地球上的水还有湖泊、河流以及地下水等。

地球上的水圈

　　水圈是地球表面和围绕地球的大气层中存在着的各种形态的水，包括液态、气态和固态。地球水圈中的大部分水以液态形式存储在海洋、河流、湖泊、水库、沼泽和土壤中，固态水存储在冰原、冰川、积雪和冻土中，气态水主要存在于大气中。

地球水圈中的气态水

地球水圈中的固态水

地球水圈中的液态水

被海洋覆盖的星球

　　地球表面积为 5.1 亿平方千米，其中海洋的面积有 3.61 亿平方千米，占地球表面积的 70.8%。苏联宇航员加加林是第一个进入太空的地球人，他曾这样说过："人类给地球取错了名字，不该叫它地球，应该叫它水球。"

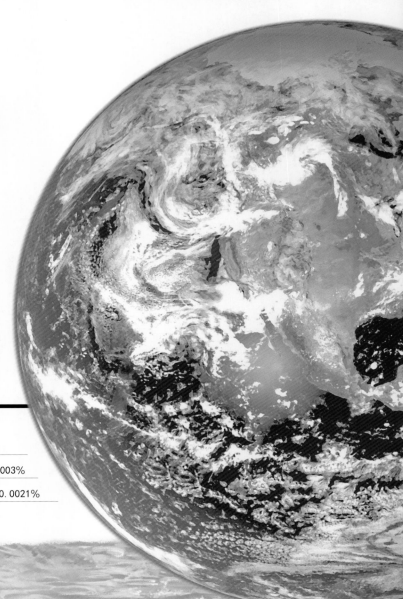

地球上的水量分布

海洋及其他咸水占 97.47%　　　　冰和冰川占 1.76%

湖沼水占 0.0076%　　　　河流、生物水占 0.0003%

地下水占 0.76%　　　　大气水、土壤水占 0.0021%

水的循环

地球上的水处在不停运动之中，并且不断地变换着存在的形式。液态的水变成水蒸气，再由水蒸气变成降水，如此循环往复。

海洋、湖泊、河流等通过蒸发为大气层提供了近90%的水分，剩余的10%则由植物蒸腾提供。

有些水蒸气以雪的形式降落，当气候变暖时，积雪融水沿地面形成融雪径流，汇入江河，流进大海。

大气层中的温度比较低，冷却的水蒸气形成了云。

太阳的辐射热量使水分蒸发升腾进入空气。

风吹动云在陆地上空飘动。

云中的水蒸气不断凝结，遇冷形成降雨。

雨水落入溪流、江河中，从陆地上淌过。

有些雨水渗入地下，形成地下水，其中一部分回到海洋。

水循环示意图

地球水圈的主要组成部分是海洋，海洋中水的总量是河流、湖泊、表层岩石孔隙和土壤中陆地水总量的35倍。如果陆地没有高低起伏的话，那么地球就会被大约600米深的水层覆盖。

海洋从哪儿来?

辽阔的海洋占地球表面近四分之三的面积，这里孕育了最初的生命，海洋对人类的重要性不言而喻。一望无际的海洋让人向往又迷惑：那么多的海水究竟是从哪儿来的呢？

海洋的形成

海水到底从哪儿来？科学界至今没有定论。对于这个问题的答案，科学家们有很多猜想，但都还需要进一步探测和证实。

■ 彗星带来的海水

对于海水的来源，一些科学家认为是撞击地球的彗星带来的。地球刚形成时是一个"火球"，而彗星的主要组成部分是水冰。彗星撞向地球发生汽化，水汽被留在地球的大气层中，最终形成雨落到地球上。

□ 从火山喷发而来

大约在 46 亿年前，原始地球刚刚形成。那时的地球是个"火球"，上面既没有液态水，也没有生命。由于地球内部的冲击和挤压，地震和火山频频爆发，地表不断向外喷涌岩浆。这个过程释放的水蒸气、二氧化碳等气体逐渐构成了稀薄的原始大气层。地球上的水分不断升腾，在原始大气层中凝结，当水分超过大气层的承载力时，就形成了雨水。

太阳风"吹"来的海洋

　　有的科学家认为，地球上的水是太阳风的杰作。太阳风到达地球大气圈的上层，带来大量的氢核、碳核、氧核等原子核，这些原子核与地球大气圈中的电子结合成氢原子、碳原子、氧原子等。通过不同的化学反应变成水分子，再以雨、雪的形式降落到地面。不过，以这样形式形成的水量很少，与地球上的水储量相比不过是九牛一毛。

　　持续不断的降水汇聚在一起，携带着被侵蚀的矿物质流入洼地，覆盖了地球表面绝大多数地方，这就是原始的海洋。

海水

人们喜欢用"蔚蓝"一词来形容海洋，可海水真的是蓝色的吗？当然不是，如果从海里取一杯水，你会发现海水和普通的水一样，是无色透明的。那么，为什么从远处看大海，海水是蓝色的呢？这里面又隐藏着什么科学奥秘呢？

"多彩"的海洋

如果看遍世界海洋图册，你就会发现，除了蔚蓝，海洋还有很多其他颜色。从深蓝到碧绿，从微黄到棕红，甚至还有白色的、黑色的。即便是蓝色，也有深蓝、湖蓝、天蓝、宝石蓝、淡蓝、灰蓝……

不同波长的光在水中的穿透深度示意图

红藻

红海

污泥

黑海

冰盖

白海

为什么海洋不是紫色的呢？

既然海洋的颜色与阳光的波长有关，紫光的波长又最短，那为什么海洋不是紫色的呢？原来，人的眼睛对颜色是有"偏见"的——人眼对蓝光和绿光比较敏感，对紫光的感受能力却很弱，因此人眼对海水反射的紫光常常会"视而不见"。

哪些因素会影响海洋颜色？

影响海洋颜色的因素很多，如海水的光学性质、海水中的悬浮物质、海水的深度、云层的厚度等都能影响海水的颜色。

悬浮物质　　海水深度　　云层厚度

红海的水温及海水中的含盐量比较高，大量的红褐色藻类在海里繁衍，成片的红色海藻把红海"染"成了一片红色。

黑海的海底堆积着大量的污泥，这是黑海海水"变黑"的主要因素。另外，黑海常年多风暴、阴霾，当人们从高空向下望去，会发现一片黑色的海洋出现在视野中。

白海在冰冷的北冰洋的边缘，结冰期达6个月之久。正因如此，白海海岸的冰雪常年不化，厚厚的冰层冻结住它的港湾，海面被白雪覆盖。由于白色表面的强烈反射，一眼望去，人们看到的就是一片白色的海洋。

海水的味道

大海被称之为"盐的故乡"。海水中的盐含量很高，其中90%左右是氯化钠，也就是食盐的主要成分。另外还有氯化镁、硫酸镁、碳酸镁以及钾盐、镍盐等，还有这些金属元素的含碘盐。氯化镁的味道是苦的，再加上比重大的氯化钠，海水的味道因此又咸又苦。那么，海水中的盐到底是从哪里来的呢？其实，海水由江河汇集而成。奔流的江河会经过各种土壤和岩层，在这个过程中它们会分解产生盐类物质，这些物质就随着水被带进了大海。在长时间的循环积累中，海水的盐度越来越高。

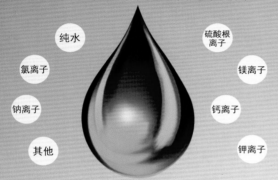

海水的组成

死海

死海的盐度比较高，大约是普通海水的10倍。这使它的海水密度非比寻常，正因为如此，人在死海里面才不会下沉。不过，过高的盐度也让这里看起来一片沉寂，没有什么生物。

为什么海风有腥味？

只要来到海边，即便还有一段距离，就能闻到飘来的阵阵腥味。这个味道是从哪里来的呢？科学家通过研究发现，这种特殊的气味主要来自海洋细菌产生的气体。海洋中的许多细菌会在浮游生物和海藻死亡的地方吞噬腐败物，同时释放一种叫二甲基硫醚的气体，这种气体有刺鼻的味道，就是它让海洋空气带着一股咸腥味。

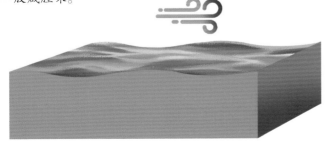

地球上刚出现海洋时，那时的海水并不是咸的，而是酸性的。经过亿万年的水分蒸发、反复降雨、陆地和海底的盐分汇集，海水才由"酸"变"咸"的。

死海沿岸景色

人浮在死海水面不会下沉

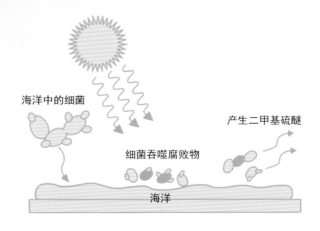

二甲基硫醚简称DMS。在海洋中，浮游生物会利用硫化甜菜碱（简称DMSP）作为遮光剂保护自己，当浮游生物死去后，就会把DMSP释放出来，细菌吃进去，消化之后就产生了DMS。海鸟就靠DMS的味道判断哪里浮游生物多，因为浮游生物多的那些地方往往聚集着许多海鱼。

海洋生命的演化

从地球形成之初的荒芜，到生命的悄然萌芽，再到无数生命的坎坷求生以及空前繁盛，生命演化历程充满了太多的不可思议。这部从海洋开始的史诗一直谱写着动人的生命乐曲，铭刻着难忘的生命故事……

泥盆纪（3.59亿年前）

各种鱼类呈爆炸式发展。

邓氏鱼拥有坚硬的外骨骼，是泥盆纪的超级掠食者。

志留纪（4.16亿年前）

有颌类脊椎动物开始出现。

石炭纪（2.99亿年前）

最早的爬行动物开始出现，原始鲨鱼数量迅速增加。

剪齿鲨满嘴都是锋利的锯齿状的牙齿。

二叠纪（2.51亿年前）

无论是陆地还是海洋，都出现了生物大灭绝现象。

旋齿鲨在这次大灭绝中销声匿迹。

第四纪（258万年前至今）

生物界已经进化到现代生物的面貌。
如今海洋中已知的生物有20多万种。

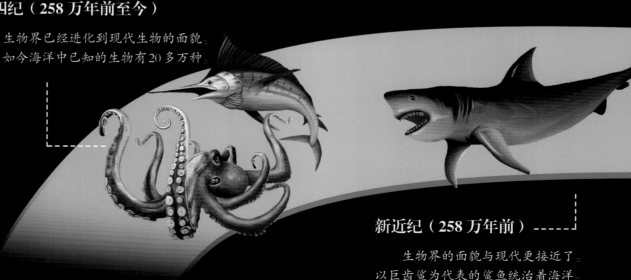

新近纪（258万年前）

生物界的面貌与现代更接近了。
以巨齿鲨为代表的鲨鱼统治着海洋。

前寒武纪（5.42 亿年前）

在漫长的前寒武纪时期，海洋里开始出现蓝藻、细菌等简单的生命体。

藻青菌

人们在距今约 35 亿年前的层叠石中发现了藻青菌。这是一种能像植物那样进行光合作用、释放氧气的细菌，是较早进化形成的生命形式之一。

寒武纪（4.88 亿年前）

有壳动物和无颌鱼进化形成。生命力顽强的三叶虫是寒武纪时期的代表性无脊椎动物。

奥陶纪（4.44 亿年前）

海洋里出现了各种无颌鱼、鹦鹉螺、笔石等小型海生无脊椎动物，且异常繁荣。

无颌鱼类没有上下颌骨，这意味它们只能靠吸吮或水的自然流动来进食。

鹦鹉螺是奥陶纪时期的顶级掠食者。

侏罗纪（1.45 亿年前）

陆地由恐龙统治，海洋由很多爬行动物掌控。

大眼鱼龙凭借出色的视力在黑暗的深海中捕猎。

三叠纪（2 亿年前）

恐龙开始出现，一些爬行动物重回水中生活。

幻龙的捕食技巧非常高超。

白垩纪（6600 万年前）

海洋主要由强大的爬行动物称王称霸，不过鱼类也在迅速发展。

白垩刺甲鲨是一种顶级海洋掠食动

古近纪（2300 万年前）

一部分陆生哺乳动物进入了海洋，逐渐演化成鲸鱼等海洋哺乳动物。

随着时间的流逝，鲸鱼的肢体发生

地壳运动

　　地球的地壳由岩石构成，分为很多板块。它们从地球形成的时候开始，就以不同的方式做着相对运动。这种相当缓慢的运动让岩石圈发生了变化，进而不断改变着各个大陆的位置，并逐渐形成了山脉、洋盆等地质构造。直到现在，这种变化还在悄悄不断上演着。

板块

　　根据板块构造学说，地球岩石圈主要由太平洋板块、印度洋板块、亚欧板块、非洲板块、美洲板块和南极洲板块六大板块组成。这些板块上分布着大陆和海洋，大陆是海洋之间的分界。这些大板块还可被划分成若干次一级的小板块。这些板块被地壳中炽热的地幔流推动，处于不断的运动之中。

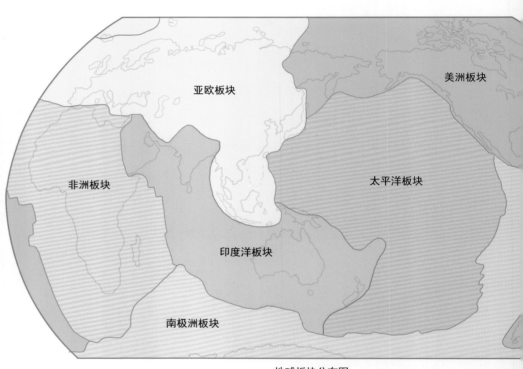

地球板块分布图

岛 弧

　　两个板块相撞，下沉的地壳俯冲插入的过程中，会引发地震，形成海底火山。海底火山再穿过上面的板块边缘喷发，往往会形成岛弧。

洋中脊

　　洋中脊是两个离散型板块分离的地方，因为地幔岩浆上涌的关系，这里会形成海底山脉。

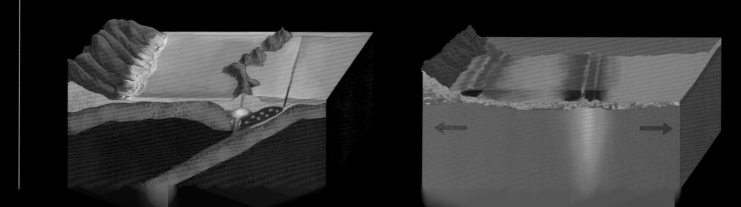

地质构造运动

拥有坚硬地壳的板块之间会发生滑移或碰撞。两者之间有的会慢慢分离，有的其中一个会俯冲到另一个的下方，形成各具特色的地质构造。

马里亚纳海沟

"热点"火山

地幔温度较高的地方，容易形成"热点"火山。

加拉帕戈斯群岛的费尔南迪纳岛火山喷发

裂 谷

地球内部的岩浆不断上涌，慢慢使陆地产生裂口，进而形成深谷。

东非大裂谷

海 沟

海沟是在一个板块俯冲到另一个板块的过程中形成的。

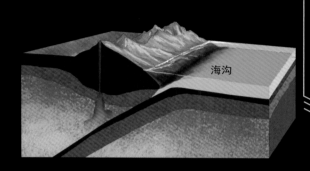

海沟

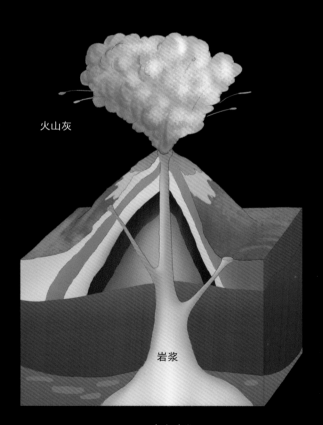

火山灰

岩浆

火山喷发

洋盆

　　某一块离散型大陆裂开，形成的地势低洼的裂谷，就叫洋盆。谷底的陆地沉到海平面以下后，海水会涌进来。这时，那些受冷凝固的枕状熔岩会变成"滚动推手"，将最初分开的陆地越推越远。随着更多的熔岩从底部喷出，海洋的面积也变得越来越大。

山脉

　　相邻的两个大陆板块相互碰撞，使得地壳形成了明显的褶皱，地壳厚度也在慢慢变厚，高大的山脉就这样形成了。

喜马拉雅山系形成示意图

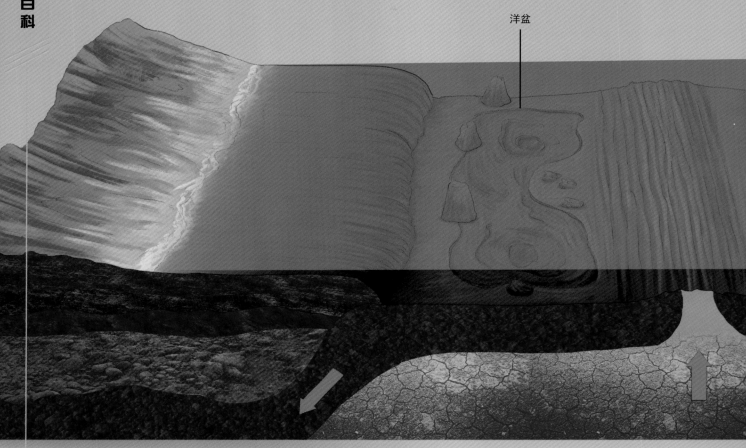

洋盆

枕状熔岩

　　枕状熔岩因其外形浑圆似枕头而得名。它们遇水会冷却、凝结，叠加在一起，形成一层外壳。

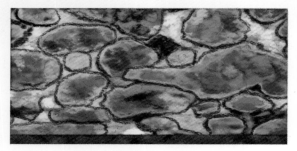

枕状熔岩

海陆变迁的证据

　　科学工作者在喜马拉雅山考察时，从岩石中发现了海螺、鱼龙等海洋生物的化石。这说明，喜马拉雅山地区曾经很可能是一片汪洋。

海洋生物化石

大陆漂移学说

大陆漂移学说认为，地球上的大陆在最初是一整块超级大陆。随着时间的推移，原本连接在一起的陆地渐渐分离成不同的板块。约到第四纪末期，各个陆地板块才到达现在的位置。

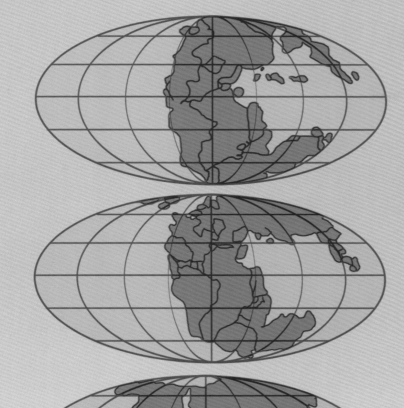

陆地板块的分离过程

苏铁

苏铁是一种古老的植物，最初分布在泛大陆上。随着各个大陆的分离，它们被带到了世界各地。

苏铁

阿尔弗雷德·魏格纳

1912年，德国地球物理学家阿尔弗雷德·魏格纳提出了"大陆漂移说"。一天，躺在床上的魏格纳无意中注意到了墙上挂的世界地图，他发现大西洋的两岸——欧洲和非洲的西岸和南北美洲的东岸，轮廓竟然非常契合。如果让这两块大陆靠拢的话，它们是可以镶嵌在一起的。后来，魏格纳就有了一个大胆的猜想：大陆以前是一个整体，后来因为种种原因破裂、漂移才分开了。

阿尔弗雷德·魏格纳

海洋世界

广袤的海洋占据了地球表面积的 70% 以上，对地球生态系统的运行和人类的生存、发展有着不可替代的影响。几十亿年来，海洋一直是万千生命栖息的伊甸园，见证了无数生物的辉煌和衰落。从古至今，海洋对人类的馈赠从未停止，人类对海洋的探索也从未停歇……

海岛

烟波浩渺的海面上分布着一些岛屿，它们犹如珍珠一般点缀着蓝色的海洋。

丰富的海洋动物

目前，人类已在海洋中发现了近 20 万种动物。上至海面，下至海底，从岸边或潮间带到最深的海沟底，均有海洋动物分布。它们种类繁多，从微小的单细胞原生动物，到重达上百吨的鲸鱼，都在海洋中留下了生命的足迹。

海底遗迹

多年来，人们在神秘的海洋里发现了很多古建筑、沉船遗迹。

海 岸

海岸上有迷人的沙滩、繁华的港口、绿色的植被……这些对海洋来说都是不可或缺的一部分。

多姿多彩的海洋植物

人类已知的海洋植物有十几万种，遍布海洋的各个角落。它们维系着很多海洋动物的生命，是海洋生物链的重要组成部分。一些海洋植物还是人类的食物以及工业原料的重要来源。

第二章
海与洋

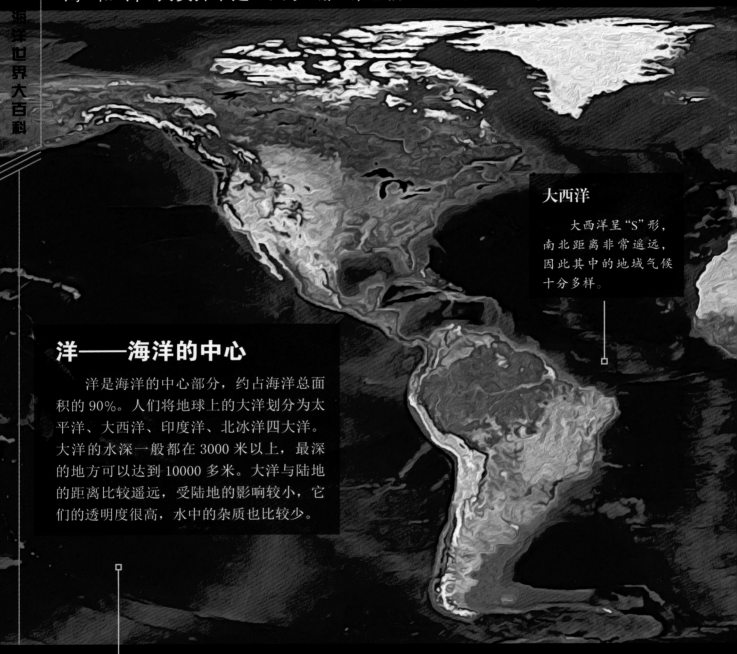

"海"和"洋"常常同时出现，作为一个词语被人们使用。但是，你知道吗！"海"和"洋"其实并不是一回事。那么，它们之间有什么联系，又有什么区别呢？

大西洋

大西洋呈"S"形，南北距离非常遥远，因此其中的地域气候十分多样。

洋——海洋的中心

洋是海洋的中心部分，约占海洋总面积的 90%。人们将地球上的大洋划分为太平洋、大西洋、印度洋、北冰洋四大洋。大洋的水深一般都在 3000 米以上，最深的地方可以达到 10000 多米。大洋与陆地的距离比较遥远，受陆地的影响较小，它们的透明度很高，水中的杂质也比较少。

太平洋

太平洋是世界上最大的大洋，也是平均深度最深的大洋。它囊括了世界上最多的边缘海和岛屿。

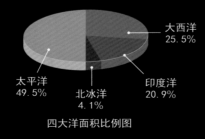

太平洋 49.5%
北冰洋 4.1%
大西洋 25.5%
印度洋 20.9%

四大洋面积比例图

海——海洋的边缘

海是海洋的边缘，是大洋的附属部分，约占海洋总面积的 11%。海的深度比较浅，从几米到两三千米不等。海紧靠着陆地，温度、盐度、颜色和透明度都深受陆地影响。夏天，海水变暖；冬天，海水水温降低，有的地方还会结冰。在江河入海的地方，海水的盐度会降低，江水携带的泥沙还会让近岸海水变得浑沌不清。

北冰洋

北冰洋位于地球的最北端，这里气候寒冷，有些地方终年被冰雪覆盖。

不同的海

按照所处地理位置的不同，海可以分为边缘海、内陆海和陆间海。

边缘海又叫陆缘海，它一侧以大陆为界，另一侧以半岛、岛屿或岛弧与大洋分隔。黄海、南海、日本海等就是边缘海。

内陆海深入大陆内部，四周被大陆、半岛、群岛包围，通过狭窄的海峡与大洋或其他海域相通。红海、波罗的海、黑海等都是内陆海。

黑海

地中海

陆间海也可以被称为地中海，是位于大陆之间的海，面积和深度都比较大。地中海、加勒比海都是典型的陆间海。

黄海

印度洋

虽然印度洋的面积仅排在四大洋中的第三位，但它的平均深度却只稍逊于太平洋。

渤海

渤海地处北温带，是中国唯一的内海。冬季，受气温变化的影响，渤海大部分沿岸地区会冰冻。

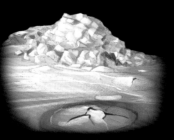

冰冻的渤海

长江口

奔流不息的长江水在涌入东海的过程中，会携带大量泥沙，正是它们让整个长江入海口看起来就像被染色剂染过一样。

东海长江入海口

19

太平洋

太平洋南抵南极大陆，北达白令海峡，西靠亚洲、大洋洲，东到南美洲、北美洲，总面积达17868万平方千米，占据了地球总面积的35%，比所有陆地加起来还要广阔，是当之无愧的世界第一大洋。

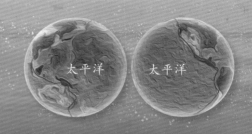

太平洋　太平洋

麦哲伦和太平洋

太平洋的拉丁文为"Mare Pacificum"，意思是"平静的海洋"，出自16世纪伟大的航海家麦哲伦之口。1519年，麦哲伦率领船队从欧洲出发，打算找到一条通往东方的新航线。一路上，麦哲伦一行人顶着惊涛骇浪，吃尽了苦头，最后穿过南美大陆南端和火地岛等岛屿之间的海峡，来到了一片不认识的海洋。看着风平浪静、宁静祥和的大海，麦哲伦心中百感交集，于是他在新绘制的海图上为它标注了名字——太平洋。

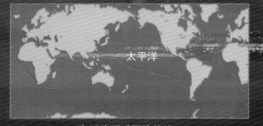

太平洋

麦哲伦环球探险航线

最深远的大洋

太平洋不仅面积最大，深度也没有哪个大洋能比得上。太平洋及所属海域的平均深度为3970米。著名的马里亚纳海沟就位于太平洋底部，其深度达11000米以上，是地球的最深处。除此之外，太平洋还有20多条深度在6000米以上的海沟。

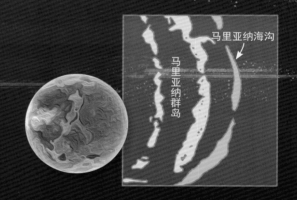

马里亚纳海沟

马里亚纳群岛

"蛟龙"号

2012年6月，由中国人自主设计、研制的深海载人潜水器——"蛟龙"号，在马里亚纳海沟创造了7062米的下潜纪录。

海洋世界

广袤的海洋占据了地球表面积的 70% 以上，对地球生态系统的运行和人类的生存、发展有着不可替代的影响。几十亿年来，海洋一直是万千生命栖息的伊甸园，见证了无数生物的辉煌和衰落。从古至今，海洋对人类的馈赠从未停止，人类对海洋的探索也从未停歇……

海岛

烟波浩渺的海面上分布着一些岛屿，它们犹如珍珠一般点缀着蓝色的海洋。

丰富的海洋动物

目前，人类已在海洋中发现了近 20 万种动物。上至海面，下至海底，从岸边或潮间带到最深的海沟底，均有海洋动物分布。它们种类繁多，从微小的单细胞原生动物，到重达上百吨的鲸鱼，都在海洋中留下了生命的足迹。

海底遗迹

多年来，人们在神秘的海洋里发现了很多古建筑、沉船遗迹。

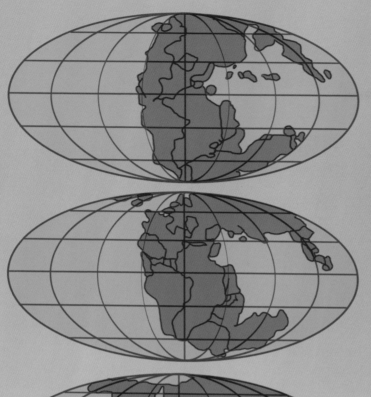

大陆漂移学说

大陆漂移学说认为，地球上的大陆在最初是一整块超级大陆。随着时间的推移，原本连接在一起的陆地渐渐分离成不同的板块。约到第四纪末期，各个陆地板块才到达现在的位置。

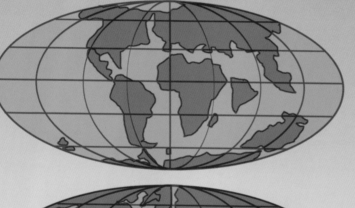

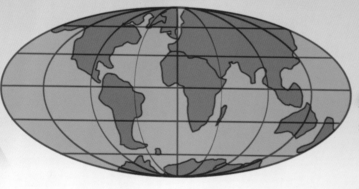

陆地板块的分离过程

苏铁

苏铁是一种古老的植物，最初分布在泛大陆上。随着各个大陆的分离，它们被带到了世界各地。

苏铁

阿尔弗雷德·魏格纳

1912年，德国地球物理学家阿尔弗雷德·魏格纳提出了"大陆漂移说"。一天，躺在床上的魏格纳无意中注意到了墙上挂的世界地图，他发现大西洋的两岸——欧洲和非洲的西岸和南北美洲的东岸，轮廓竟然非常契合。如果让这两块大陆靠拢的话，它们是可以镶嵌在一起的。后来，魏格纳就有了一个大胆的猜想：大陆以前是一个整体，后来因为种种原因破裂、漂移才分开了。

阿尔弗雷德·魏格纳

最温暖的大洋

全世界海洋的平均温度在 17℃左右，太平洋的平均温度要高一些，达 19℃，它是世界最温暖的大洋。太平洋大部分水域都处在热带地区，受到强烈阳光的照射，能够储存很多热量；再加上北方的白令海峡相对窄小，阻碍了寒冷海水的南下，所以太平洋的平均温度较高。

夏威夷群岛

夏威夷群岛是太平洋中颇具代表性的群岛之一，这里气候宜人，终年都是热带气候。良好的自然条件，使它成为世界著名的旅游胜地。

夏威夷群岛

丰富的资源

太平洋空间广阔，蕴含的资源非常丰富，生存在这里的动植物种类粗略估计已经超过 10 万种。太平洋沿岸的中国、日本、美国、加拿大等国都有世界著名的渔场。太平洋的渔业捕获量占世界总捕获量的一半以上，堪称世界第一。除此之外，太平洋的矿产也很丰富，油气资源广泛分布在大陆架上，在深海盆地还有大量的锰结核矿层，其储量和面积均居各大洋首位。

太平洋自然资源

渔场　天然气　矿产　石油

舟山渔场

作为中国最大的近海渔场，舟山渔场拥有非常丰富的水产资源，自古以来就是渔民捕捞作业的"福地"。

交通运输

太平洋面积广阔，连通亚洲、大洋洲与美洲，拥有许多条重要的海上航线。其中，马六甲海峡是从太平洋通往印度洋的捷径和重要水道，也是国际主要航线的交通要道之一，由于海运繁忙以及地理位置特殊，它被誉为"海上十字路口"。在太平洋上，像马六甲海峡这样的交通要道还有很多。

南海

马六甲海峡

马来半岛

苏门答腊岛

印度洋

太平洋周围有哪些国家?

东岸：美国、加拿大、墨西哥、巴拿马、哥斯达黎加、萨尔瓦多、尼加拉瓜、危地马拉、哥伦比亚、秘鲁、智利。

西岸：俄罗斯、朝鲜、日本、韩国、中国、菲律宾、泰国、越南、马来西亚、印度尼西亚、新加坡。

其他：巴布亚新几内亚、澳大利亚、新西兰、瑙鲁、基里巴斯、图瓦卢、斐济。

复活节岛石像

位于太平洋东南部的复活节岛上的巨石雕像，距今已经有1000多年的历史，至今无人确定它的用途是什么。

复活节岛

太平洋上的"神秘之地"

在广袤的太平洋上，分布着 1 万多个岛屿，它们中隐藏着许多不为人知的"秘密"。例如，复活节岛及其石像、被誉为"太平洋威尼斯"的南马特尔遗迹，等等。这些神秘之地纷纷成为世人前去探索与冒险的目的地。

一座座由玄武岩石柱垒砌堆积而成的巨大建筑矗立于太平洋南部海面的岛屿上。据考证，南马特尔遗迹是在公元 1200 年建造的，整个建筑大概用了 100 万根玄武岩石柱。在那个时代，如何完成这样的工程人们至今不知道答案。

南马特尔遗迹

太平洋不太平

太平洋其实并不太平。这是因为在太平洋周围有一圈地震带，那里广泛分布着海沟、火山，它的形状像一个巨大的环，所以又被称为环太平洋地震带。全球地震的 80% 都发生在这里，这里的活火山有将近 400 座，这片看似平静的海洋上，地震、火山等灾害时有发生。

环太平洋地震带地图

南 海

汹涌澎湃的南海是中国最大、最深的近海，也是仅次于珊瑚海和阿拉伯海的世界第三大陆缘海。它向东可以抵达菲律宾，通过海峡连接太平洋，向西则与印度洋相通，是两大海洋之间联系的关键纽带。南海无论是在地理位置、经济，还是文化上都具有重要意义。

基本概况

名　　称	南海
中国领海面积	约 210 万平方千米
平均深度	1212 米
最大深度	5559 米

珊瑚岛

南海优越的地理环境和良好的自然条件，非常适合珊瑚虫繁殖。经过日积月累，这里出现了很多美丽的珊瑚岛。它们风情各异，美不胜收，犹如点点珍珠散布海上，其中，尤以西沙群岛最为灿烂夺目。

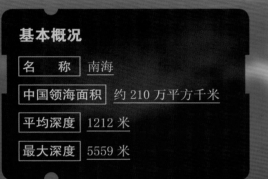

"南海一号"沉船

自古以来，南海一直是海上丝绸之路的重要航段。几个世纪以来，人们在南海海底发现了越来越多的"证据"，其中就包括震惊中外的"南海一号"沉船。这是一艘建造于南宋初期的木质古船，距今已经有 800 多年历史。它在经丝绸之路运送瓷器的途中不幸失事，连同 6 万～ 8 万件精美瓷器一起沉入海底。

水下谋生

南海渔民"靠海吃海"，千百年来，他们祖祖辈辈在大海中谋生，练就了独特的生存技艺。对于渔民来说，南海就是他们辛勤劳作的田地。在这里，他们捕捞鱼虾，捡拾海贝，已然成了职业高手。

西沙群岛

西沙群岛是中国南海诸岛的四大群岛之一，物产丰富，风景秀美。这里海域十分宽阔，众多岛礁星罗棋布，盛产珊瑚礁，鱼类达 430 多种。此外，绵软纯净的沙滩，几乎透明的海水，都是人们将它铭记于心的理由。

西沙群岛——七连屿

鸟儿天堂

南海诸岛为各种各样的鸟儿们提供了理想的栖息地和繁殖地，是西太平洋颇为重要的鸟类聚集区之一，包括红脚鲣鸟、军舰鸟、海鸥、绣眼鸟在内的 60 多种鸟儿都住在这里。

鲸鲨

中国南海海域是鲸鲨的常住地，这些海洋"巨无霸"时常在此巡游。尽管它们看起来凶神恶煞，性情却非常温和，很少会主动攻击人类。

牙齿

尽管鲸鲨的牙齿多达 3000 颗，可是由于过于细小，根本无法咬食和咀嚼食物，所以，它们只能靠吞食海水，过滤大量的浮游生物和小型鱼类果腹。

白令海

白令海处于阿拉斯加、西伯利亚以及阿留申群岛的环抱之中，是世界第三大边缘海。其北部的白令海峡连接着楚科奇海，最狭窄处被公认为是太平洋和北冰洋的分界线。尽管受多种因素的影响，这里的气候条件十分恶劣，但它却蕴含着丰富的海产资源。

"白令海"名称的由来

白令海是以丹麦籍著名探险家维图斯·白令的名字命名的。1728 年，白令受令于彼得大帝，与探险队员们踏上航行之旅。他们成功驾船穿过了白令海，通过白令海峡进入了楚科奇海的南端。不幸的是，1741 年，他们在第二次探险返航时乘坐的探险船触礁沉没，白令在一个荒岛病逝。为了纪念白令，人们就将此海命名为"白令海"。

维图斯·白令

基本概况	
名　　称	白令海
面　　积	约 230.4 万平方千米
平均深度	1547 米
最大深度	4773 米

生物

白令海所处的纬度较高，气温偏低，有时甚至会跌至 -45℃。即便是这样，在这片白色的世界里，仍然生活着一群御寒能力出众的可爱动物。

白鲸

白鲸是白令海里的常见"居民"，它喜欢在海面或贴近海面的地方玩耍、捕食。

座头鲸

座头鲸就像游客一样，会定期到白令海居住。夏季，它们来到白令海这样的极地海域度过美好时光；到了冬季，它们又会迁徙到温暖的地方产崽。

北海狮

北海狮是白令海中比较有代表性的一类动物。这些家伙性情温和，喜欢集群生活。在白令海的沿岸海域时常能见到它们的身影。

渔场

丰富的巨蟹、虾类以及 300 多种鱼类让白令海成了经济价值非常高的渔场。直到现在，那里还有一些渔民保持着传统的作业方式，时常驾驶小渔船出海捕鱼。

珊瑚海

在广阔的南太平洋海域，有一个五彩缤纷的海，叫珊瑚海。它位于所罗门群岛、瓦努阿图岛、新喀里多尼亚岛以及诺福克岛形成的岛弧之间，面积接近 500 万平方千米，是世界上最大、最深的海。

基本概况

名　称	珊瑚海
面　积	约 479.1 万平方千米
平均深度	2394 米
最大深度	9174 米

名字的由来

珊瑚海地处热带，无论是水温、水质还是气候条件都非常适合珊瑚虫等海洋生物生存。大量珊瑚虫聚集在一起，形成了形态万千、色彩斑斓的珊瑚岛礁。大堡礁、塔古拉堡礁以及新喀里多尼亚堡礁等就是珊瑚海的重要组成部分。这些美丽的珊瑚岛礁点缀着碧蓝的海洋，宛若仙女随手撒下的花瓣，星星点点，自成一幅美丽的画卷，这也是珊瑚海名称的由来。

海中"热带雨林"

珊瑚海中的珊瑚礁数量非常多，形成了一片巨大的"海洋热带雨林"。这为万千海洋生物提供了理想的栖息地。有关统计表明，生活在珊瑚海中的生物多达百万，约有四分之一的海洋生物选择来这里安家。

大堡礁
长度 2400 千米

珊瑚礁

岛屿

鱼类

鲨鱼和鳐鱼

珊瑚鱼和棘皮动物

世界尽头的天堂之岛

新喀里多尼亚岛犹如一颗璀璨的明珠，镶嵌在珊瑚海的南部。这座法属岛屿兼具怡人的田园风光和海洋宫殿般的美景，因而成为著名的旅游胜地。

新喀里多尼亚自然保护区

鲨鱼海

在珊瑚海中，经常能看到鲨鱼成群结队，游来游去，寻找猎物。因此珊瑚海也被称为"鲨鱼海"。

南洋杉

新喀里多尼亚岛的柱状南洋杉看起来非常挺拔，它们与诺福克岛上的异叶南洋杉是近亲。

大西洋

　　大西洋位于欧洲、非洲、美洲和南极洲之间，是世界第二大洋，面积约为 9336.3 万平方千米。因为它的洋底基本都是在大约 1.5 亿年前形成的，所以人们习惯称呼它为"最年轻的大洋"。目前为止，大西洋仍在以缓慢的速度成长和扩张。

重要的位置

　　大西洋的北部与北冰洋相连，南部与太平洋、印度洋南部水域相通，东部经直布罗陀海峡与地中海相通，西部经巴拿马运河与太平洋相通。如此便利的水运条件使其航运业极为发达。在全世界的 2000 多个港口中，大西洋沿岸的港口就占 60%。而且，大西洋的货物吞吐量也占世界海洋总吞吐量的 60%。

开普敦

　　大西洋沿岸港口城市开普敦以其美丽的自然风光和繁忙的码头闻名于世。这里是欧洲沿非洲西海岸通往印度洋、太平洋的必经之路，占据着十分重要的地理位置。目前，开普敦港主要出口农产品以及工业原材料，进口一些科技含量较高的工业制成品，年货物吞吐量在 7000 万吨左右。

冰岛

大西洋北部的冰岛是个名副其实的"冰火之国"。它靠近北极圈，约有12.5%的土地被白茫茫的冰川覆盖。但这里却遍布火山岩，是世界上拥有温泉最多的国家。

冰岛瓦特纳冰川的蓝冰洞

大西洋鲑

寒流暖流交汇的纽芬兰渔场

资源宝库

大西洋是个巨大的宝库，含有丰富的矿产资源和生物资源。世界著名的北海渔场和纽芬兰渔场都位于大西洋。据统计，大西洋单位面积渔获量居于世界首位，可达每平方千米250千克。

纽芬兰渔场的没落

拉布拉多寒流和墨西哥暖流的交汇，使纽芬兰渔场成为世界级的超级渔场，一时风光无限。可是，随着近百年来人们的过度捕捞，纽芬兰渔场再也没有了往日的繁荣，而是陷入了一片萧条。

大西洋银鲛

大西洋银鲛的眼睛很大且呈绿色，背鳍上长着秘密武器——毒刺。

大西洋海雀

外表酷似鹦鹉的大西洋海雀是大西洋海域比较有代表性的一种动物。它们善于游泳和潜水，平时靠捕食鱼类、甲壳动物等为生。繁殖期，它们当中的大多数会到冰岛沿岸地区暂居。

百慕大三角之谜

许多年来，由百慕大群岛、波多黎各和佛罗里达州南端迈阿密所围成的一片三角海域一直是人们努力探索的神秘之境。有关资料表明，一些行至这片海域的飞机、船只有时会无故消失。有人说这里隐藏着时光隧道，还有人说此处有一个巨大的磁场……至于事情的真相到底是怎样的，还有待人们进一步探秘。

百慕大三角

35 米

123 米

100 米

蓝洞剖面图

蓝洞

在大西洋加勒比海西海岸伯利兹附近有一个口径约 35 米的石灰岩洞——大蓝洞。它深 123 米，洞口是近乎完美的圆形，周围有珊瑚礁环绕，再配以或深或潜的蓝色海水，就像天然的花环。

蓝洞俯视风景

想象中的亚特兰蒂斯

亚特兰蒂斯

传说，在大西洋中曾存在一个古老神秘的大陆——亚特兰蒂斯。这个王国富饶强盛，科技与文明高度发达。当时的人们甚至制造出了载人飞行器以及能让人断肢重生的医疗器械。从 20 世纪 50 年代开始，人们就陆续在大西洋中发现了疑似亚特兰蒂斯的遗迹。至于这些遗迹是否真的是失落的亚特兰蒂斯，还需要进一步研究。

大西洋海滨公路

在挪威中西部的海岸线上，有一条总长 8.3 千米的公路——大西洋海滨公路。它设计独特，巧妙地依礁石和海岸线而建，成功地将克里斯蒂安松、莫尔德以及一些岛屿连接起来，被誉为"世界上最好的观光道路"之一。

大西洋海滨公路风光

昆士敦　南安普敦

瑟堡

纽约

泰坦尼克号

泰坦尼克号航行路线

沉睡的泰坦尼克号

1912 年 4 月 10 日，拥有"永不沉没"美誉的庞大又豪华的泰坦尼克号从英国南安普敦出发，前往美国纽约。不幸的是，短短几天后，它就因为与冰川相撞沉入了大西洋的海底，并永远地沉睡在了那里。更不幸的是，这次沉船事故让 1500 多人丧生，成了伤亡惨重的海难之一。

泰坦尼克号残骸

加勒比海

加勒比海位于大西洋西部和美洲大陆之间，海域面积相当大。加勒比海大部分时间都风景秀丽，景色宜人，但在夏秋两季的时候，这里经常遭受威力强大的飓风侵袭，对沿途的岛屿造成了巨大的威胁。

基本概况

名　称	加勒比海
面　积	约 275.4 万平方千米
平均深度	2491 米
最大深度	7680 米

加勒比海红鹳

加勒比海红鹳

阿鲁巴岛上生活着很多加勒比海红鹳，也就是火烈鸟。它们时而在沙滩上漫步，时而在海水中低头浅啄，漂亮极了！

巴拿马运河

美国与巴拿马运河

在很久之前，如果船队想完成几大洋的航行，就必须穿越一片充满狂风巨浪的海域。为了降低船只发生危险的概率，1914 年，美国出资修建了巴拿马运河。巴拿马运河全长 77 千米，从巴拿马地峡横穿而过，将太平洋、加勒比海、大西洋连接在了一起，是世界重要的航运要道。

阿鲁巴岛

在加勒比海东部有一座如珍珠般璀璨的小岛——阿鲁巴岛。这个美丽的石灰岩小岛地势平坦，长满了芦荟和仙人掌。最特别的是，它周围有长达 10 千米的白色沙滩，与蓝绿色的海水形成了一幅天然的画卷。每年，都有很多游客慕名而来。

岛礁众多

加勒比海上岛礁众多，许多岛屿的边缘都是珊瑚礁体，是珊瑚礁集中地之一。其中伯利兹堡礁长约 260 千米，由不计其数的珊瑚虫石灰质骨骼积累几百年后形成，是仅次于大堡礁的世界第二大珊瑚礁。加勒比海的生物资源很丰富，据统计，有 1000 多种鱼类和其他海洋生物生存在这里。

海龟沙滩

在加勒比海许多岛屿的僻静沙滩上，经常会出现这样的场景：一只只笨拙的大海龟活动着四肢，缓慢而坚定地爬上沙滩产卵。这些海龟把所产下的卵埋到沙下，依靠温暖的沙子来孵卵。当卵被孵化后，新生的小海龟会自己慢慢爬回到大海里去。

海龟爬上沙滩产卵

波罗的海

波罗的海介于俄罗斯、瑞典、德国等 9 个国家之间，几乎被陆地包围起来。西面的几个海峡，是它连接北海和大西洋的通道。波罗的海的海水盐度只有 0.7‰～0.8‰，是地球上最淡的海。这与它的形成密切相关。

基本概况	
名　　称	波罗的海
面　　积	约 42 万平方千米
平均深度	55 米
最大深度	459 米

盐度低的奥秘

波罗的海海域闭塞，和外海相连的通道十分狭窄，这就导致外面盐度高的海水很难进入波罗的海海域。不仅如此，波罗的海纬度较高，气温低，降水多，蒸发量远远小于降水量，再加上周围有 250 多条淡水河流注入，这一系列条件共同导致波罗的海成为世界盐度最低的海。

正在波罗的海旅游巡航的桑普号破冰船

波罗的海

维斯瓦河

维斯瓦河

维斯瓦河的流域面积达 19.2 万平方千米，它是波兰最长的河流。维斯瓦河在格但斯克注入波罗的海。

琥珀

波罗的海沿岸是全球主要的琥珀产地，产量约占世界琥珀总产量的 90%。当地的琥珀质量上乘，有着"波罗的海黄金"的美称。早在几千年前，波罗的海琥珀就通过一条"琥珀之路"被运往欧洲各国贩卖。

晶莹剔透的海琥珀

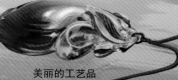

美丽的工艺品

重要航线

波罗的海自古以来就是北欧重要的商业航线，同时也是俄罗斯与欧洲诸国进行贸易的重要通道，以及沿岸各国通向北海和大西洋的必经海路。20世纪中叶以后，行驶在波罗的海的船只越来越多，近年来甚至超过4万艘。不过由于波罗的海盐度低，海水既浅又淡，在冬季很容易结冰，所以船只在航行时只能一边开凿冰面，一边缓慢前行，这为航运带来极大的不便。

环境污染问题

沿岸工业与海上运输业的发展，在促进波罗的海地区经济发展的同时，也让它陷入了严重的环境污染。波罗的海沿岸国家的各种生活垃圾与工业废气的排放，使海水温度迅速上升，许多野生动物无法适应急剧变化的气候，数量开始锐减。更糟糕的是，每年都有许多船只在经过波罗的海时，向海水泄漏或排放废油，严重污染了海水。据统计，每年在波罗的海因油污染而丧生的鸟类超过了15万只。

地中海

地中海是世界上最大的陆间海，同时也是世界上最古老的海，形成时代可以追溯到几亿年前，这意味着它的"资历"甚至超过大西洋。地中海拥有很多引以为傲的灿烂文化，是古代文明的发祥地之一。此外，宜人的气候，丰富的资源，数不胜数的美景，都是地中海的代名词。

海洋世界大百科

基本概况

名　　称	地中海
面　　积	约 251.2 万平方千米
平均深度	1450 米
最大深度	5121 米

独具特色的威尼斯尖舟——贡多拉

水城威尼斯

提到地中海，就不得不提威尼斯。这座处于咸水潟湖内的城市，由118个小岛组成，中间纵横交叉着117条水道。在威尼斯，无论走到哪里，都能感受到水的风情，聆听到水的故事

西方文明的发祥地

地中海曾是世界文明的中心之一，见证了诸多文明的兴起、辉煌和衰落。美索不达米亚文明、古埃及文明、古巴比伦文明、古希腊文明等都有浓重的地中海色彩。腓尼基人、克里特人、希腊人、罗马人都曾是地中海文明舞台上惊艳的主角。

爱琴海

爱琴海位于希腊和土耳其之间，是地中海东部的一个大海湾。它的海岸线非常曲折，其中分布着2500多个岛屿。这些小岛各具风情，不仅有诸多风格的特色建筑，还有迷人的沙滩、明媚的阳光和秀丽的风景，看上去就像人间天堂。

西西里岛

西西里岛是地中海最大的岛屿，也是地中海商业贸易路线的枢纽。这里气候温暖，盛产柠檬和油橄榄。因为农业发展的突出成就，所以它一直享有"金盆地"的美誉。

橄榄树种植园

爱琴海

正在喷发中的埃特纳火山

埃特纳火山

埃特纳火山矗立在西西里岛的东岸，海拔3200多米，是欧洲海拔最高的活火山。这座火山比较活跃，时不时地就会给人类制造麻烦。但与此同时，它也会带来肥沃的土壤。

黑海

和一般海水湛蓝的颜色不同，黑海海水呈现的是混浊的黑色。它是世界上颜色最深的海洋，还是世界上唯一分上下两层的海洋，非常神奇。

黑海之"黑"

黑海这个名字最早来源于古希腊的航海家们。他们在海上航行的时候，认为黑海的颜色要比地中海深得多，所以就把它称为"黑海"。实际上，黑海的黑色更多还是来自海水下层。几百年间，大量的城市废水排入黑海，废水沉淀到下层，使海水缺氧后滋生厌氧菌，进而产生大量的硫化氢，越积越多的硫化氢使海底的淤泥变成黑色，令海水看起来发黑。

基本概况

名　称	黑海
面　积	约42.2万平方千米
平均深度	1315 米
最大深度	2210 米

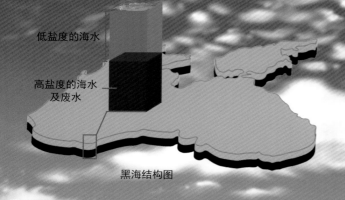

低盐度的海水

高盐度的海水
及废水

黑海结构图

唯一的双层海

黑海的结构很特殊，共分上下两层，是世界上唯一的双层海。它的上层是由多瑙河、第聂伯河等河流经年注入的淡水，盐度很低。许多海洋生物都在这里活动。而黑海的下层则是另一番天地：它由几千年前地中海注入的高盐度海水和几百年里累积的城市废水组成，在这里几乎没有生命，一片死寂。两层海水在水下 100~200 米处泾渭分明，几乎互不干扰。

黑海明珠

罗马尼亚的康斯坦察位于黑海之滨，因为气候宜人，风景秀丽而闻名全球，是世界著名的旅游胜地之一。康斯坦察的历史非常悠久，可以追溯到 2000 多年前的古希腊。在当时，它就已经是一座繁华的商业城市了。如今的康斯坦察既是一座港口城市，也是罗马尼亚经济十分发达的地区之一，有着"黑海明珠"的美名。

伊斯坦布尔海峡

伊斯坦布尔海峡

伊斯坦布尔海峡是黑海和马尔马拉海之间的一条狭窄的水道，最窄处仅 700 米左右。

黑海中的鲟鱼

交通要道

黑海的地理位置十分重要，与地中海相连，是东欧各国进行贸易往来的海运要道，同时也是欧洲许多著名河流的出海口，港口众多，每年创造的利润极为惊人。

墨西哥湾

北美洲东部边缘有个扁圆形的海湾，它是仅次于孟加拉湾的世界第二大海湾——墨西哥湾。墨西哥湾的海岸线非常曲折，岸边分布着很多沼泽、浅滩和红树林；大陆架浅海区域蕴含着大量石油和天然气资源；北岸有密西西比河流入，形成了一个巨大的河口三角洲。

奇特的海面

密西西比河的河水密度比墨西哥湾的海水密度要小得多。当它们相遇时，因为密度相差过大，两者的接触面就会形成一个过渡带。通常，这个过渡带被称为"海洋锋"。

非常明显的海洋锋

基本概况	
名　　称	墨西哥湾
面　　积	约 154.3 万平方千米
平均深度	1512 米
最大深度	5203 米

玛雅文化

墨西哥湾南部的尤卡坦半岛是古玛雅文化的摇篮之一。至今，岛上的奇琴伊察依然耸立着数百座玛雅文化的标志性建筑。这些建筑隐藏在郁郁葱葱的密林中，处处彰显着神秘、奇幻的色彩。

佛罗里达半岛

受海洋因素的影响，佛罗里达半岛的气候温暖湿润，四季风景如画。这里不仅有绵延不断的沙滩和各具特色的海滨美景，还有闻名世界的迪士尼乐园和大沼泽地国家公园。

佛罗里达礁岛群

在连接墨西哥湾与大西洋的咽喉要道上，分布着1700多个小岛组成的礁岛群——佛罗里达礁岛群。它成功地将墨西哥湾与大西洋分为两处，并巧妙地"规划"出了佛罗里达湾。

梦海鼠

梦海鼠

在墨西哥湾漆黑的海底，生活着一种外表粉嫩的可爱动物——梦海鼠。这些看起来像"无头鸡"的小家伙其实是一种海参。

小飞象章鱼

小飞象章鱼长着类似大象耳朵的鳍，因而得名。这两只会"跳舞"的鳍既可以帮助它们保持身体平衡，又可以让它们借力前行。此外，小飞象章鱼还有一种秘密武器——发光器。平时，它们就是用这种工具引诱猎物上钩的。

小飞象章鱼

洞穴潜水天堂

尤卡坦半岛拥有令全世界潜水爱好者心驰神往的地下暗河。这里的上千个水下洞穴形态各异，如同迷宫一样神秘。或明或暗的光线、复杂多变的水下环境以及大小不一却充满趣味的洞穴，已然成了洞潜达人们的最爱。

深洞潜水

地下河

马尾藻海

在北大西洋中部，有一片特殊的海域，那里生长着繁盛的马尾藻，所以被称为马尾藻海。马尾藻海水质清澈，是世界上最清澈的海。同时这里也是许多船员眼中的"魔鬼海"，历史上有数不清的船只在这里失事。

基本概况

名　称	马尾藻海
位　置	北纬 20°～ 35°，西经 35°～ 70°
面　积	500 万～ 600 万平方千米
透明度	66.5 米

洋中之海

世界上大部分的海都与大陆或其他陆地相连，但马尾藻海却非常特别，它是世界上唯一一个没有海岸的"海"，它的西边与北美大陆隔着宽阔的海域，另外三面都是广阔的大洋，所以马尾藻海是一片"洋中之海"。另外，马尾藻海虽然名字里带着一个"海"字，但它并不是真正意义上的海，只是大西洋中一处特殊的水域。

清澈的海水

马尾藻海是世界上透明度最高的海域，这里远离陆地，几乎没有外来河流注入，浮游生物很少，再加上马尾藻海面积比较大，有一定的自净能力。所以，马尾藻海的海水十分清澈，透明度深达 66.5 米，个别海区可以达到 72 米。

0 米

50 米

100 米

如何测试海水透明度？

国际上有一个常用的测量海水透明度的方法：把一个直径大约 25 厘米的白色圆盘沉到水中，一直用眼睛注视着它，直至看不见为止。此时圆盘下沉的深度，就是海水的透明度。

马尾藻海中的居民

马尾藻海中的浮游生物很少，以浮游生物为食物的动物自然无法在这里生存。不过，马尾藻海中布满了无根水草——马尾藻，它们和以海藻为食的水生生物形成了独特的马尾藻海生物群落。

马尾藻

马尾藻是马尾藻海中数量最多的住户。它们漂浮在海洋中，直接从海水中摄取养分，疯狂生长。马尾藻上长着许多充气的葡萄状小球，所以马尾藻可以漂浮在海面上。

马尾藻鱼

马尾藻鱼的身体凹凸不平，身体和马尾藻的颜色非常像，上面还长着马尾藻枝叶一样的附属物。当马尾藻鱼穿梭在马尾藻中时，很难被发现。

危险的"魔鬼海"

在过去的航海家眼中，马尾藻海是船只的禁区。那里是一个巨大的陷阱，所有路过的船只都会被充满"魔力"的藻类抓获，困在原地动弹不得，最后船员们只能在绝望中死去。到了现代，经过科学家研究，马尾藻海船只被困的原因终于被找到了。原来，马尾藻海周围流经了好几个洋流，在这些洋流的相互作用下，马尾藻海变得异常平静。正是因为如此，依靠风力推动的古老船只就会被困在原地，动弹不得。

哥伦布被困

1492 年，哥伦布带领船队穿越大西洋时，忽然发现了一大片"草原"，所有人都以为陆地近在咫尺，可是当船队行驶到近处才发现，那"草原"居然是一大片茂盛的马尾藻群，船队被困在了原地。最后，哥伦布亲自上阵指挥开辟航道，船队经过三个星期的努力才得以逃脱。

印度洋

印度洋处于亚洲、非洲、大洋洲和南极洲之间，面积约为 7617.4 万平方千米，约占世界海洋总面积的 20%。与其他三大洋不同，印度洋的北面完全被陆地包围了。从印度洋西南绕过好望角可以到达大西洋；从印度洋东部通过马六甲海峡等水道可以到达太平洋；从印度洋西北经过红海和苏伊士运河，可以通往地中海。

温暖的气候

印度洋的大部分海域位于热带和亚热带，因此它属于一个典型的热带大洋。温暖的气候不仅造就了适宜多种生物生存的海洋环境，更带来了丰富的海洋资源。

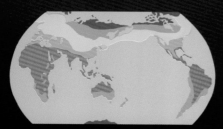

旅游胜地

印度洋上有很多迷人的度假胜地，它们就像明珠一样镶嵌在蓝色的海洋里。唯美的海岸线，郁郁葱葱的原始森林，触手可及的洁净沙滩……一切都让人如痴如醉。

巴厘岛海神庙

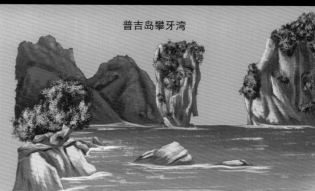

普吉岛攀牙湾

塞舌尔群岛

由92座岛屿组成的塞舌尔群岛简直就是一个海景拼图，每一块都有独特的美。这里的500多种植物、如梦如幻的珊瑚礁以及彰显旺盛生命力的诸多海洋动物，无不让你感觉来到了一个海的世界。

阿尔达布拉岛

昆虫乐园

弗雷加特岛以不计其数的昆虫而闻名。这些昆虫或可爱或丑陋，有些还是世界罕见的珍稀品种。

龟岛

阿尔达布拉岛上生活着十几万只旱龟，是一个名副其实的乌龟王国。此外，绿海龟、椰子蟹也是这座小岛的"岛民"。

旱龟、绿海龟和椰子蟹

印度洋马夫鱼

背鳍高高的印度洋马夫鱼时常在珊瑚礁周围"巡逻"，寻找可口的软珊瑚和海绵。

印度洋马夫鱼

猴面包树

马达加斯加

　　马达加斯加岛是印度洋第一大岛，面积约为58.7万平方千米，全岛由火山岩构成。这里以热带雨林气候和热带草原气候为主，岛上动植物资源十分丰富，多达20万种，其中90%属于特有种。

变色龙

长颈象鼻虫

石油

　　印度洋的油气资源十分丰富，年产量约为世界海洋油气总产量的40%。而其中波斯湾是世界海底石油最大产区，每年为许多国家提供大量石油。

中东石油分布

油轮

孟买港

　　孟买港西濒阿拉伯海，是印度最大的港口，也是印度洋上有名的贸易港。它交通便利，工商业发达，在印度洋各国贸易中发挥着不可忽视的作用。

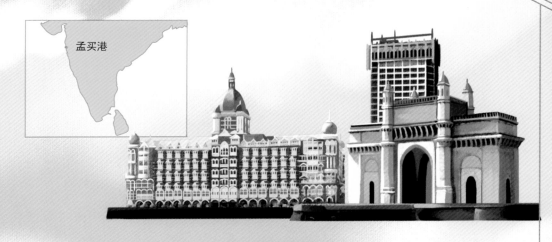

孟买港

莫桑比克海峡

　　在非洲大陆东南岸与马达加斯加岛之间，有一条长度超过1600千米的莫桑比克海峡，它是世界最长的海峡。

莫桑比克海峡

马达加斯加岛

红海

在非洲东北部和阿拉伯半岛之间，有一片狭长的印度洋的附属海，名叫红海。它的盐度在全球诸多海洋中居首位，是世界最咸的海。红海资源丰富，风光秀丽，拥有许多美丽的港口与景区。

苏伊士运河

苏伊士运河全长190千米，是世界较为繁忙的航线之一。它将红海和地中海联系起来，使大西洋到印度洋的航程比绕行非洲南端好望角缩短了5000～10000千米。

基本概况	
名　　称	红海
面　　积	约45万平方千米
平均深度	558米
最大深度	2211米

苏伊士运河

高盐度

红海位于热带及亚热带地区，气候炎热干燥，蒸发量远远大于降水量；再加上红海周围无河流汇入，水量入不敷出，必须由印度洋高盐度海水补给，导致红海盐度变大。此外，发育中的地壳也会使渗入其中的海水返回海底时携带大量盐分。

40.0
39.5
39.0
38.5
38.0
37.5
37.0
36.5
36.0

红海盐度分布

美丽的海

　　红海两岸是绵延不断的红黄色岩壁，海岸上分布着金黄色的沙滩，沿岸的城市也独具特色，充满异域风情。而海水中有着神秘的海洋溶洞、美丽的珊瑚以及形态各异的海洋生物。这些吸引着游客们来到红海观光旅游。

红牙鳞鲀

红海潜泳者

波斯湾

阿拉伯半岛和伊朗高原之间有一片石油之海——波斯湾，它向东经霍尔木兹海峡与阿曼湾相连，出阿曼湾南口通过阿拉伯海进入印度洋。这里自古以来就是连接中东、亚洲其他地区的海上要道，后来更以丰富的石油蕴藏而著称于世，具有十分重要的经济和战略意义。

基本概况

名　称	波斯湾
面　积	约 24.1 万平方千米
平均深度	40 米
最大深度	104 米

油气宝库

波斯湾及周围上百平方千米的地域具有优越的浅海环境、特殊的地质构造以及丰富的动植物资源，这些都为石油的形成和存储创造了得天独厚的条件。据统计，现在波斯湾地区蕴含着世界50%以上的石油资源，是个超级油库。

油井

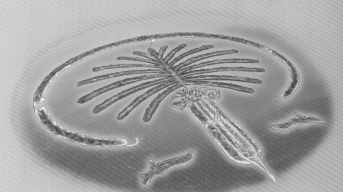

棕榈岛

迪拜

迪拜是中东地区最富有的城市，也是最重要的贸易和金融中心。无比豪华的七星级酒店，人工奇迹棕榈岛，世界最高的迪拜塔，等等，处处彰显着它的奢华和魅力。

迪拜帆船酒店

珊瑚礁之家

波斯湾盛产各种鱼类，但它们当中的大多数都是珊瑚礁的"房客"。此外，在珊瑚礁中，我们还能时常见到一些软体动物的身影。

法老乌贼

狮子鱼

阿拉伯海

阿拉伯海是印度洋的重要组成部分，也是亚、欧、非三大洲的航运要道。它从很早的时候就被人们视为往来贸易的必经之地。时至今日，越来越多的船只和巨轮活跃在这片海域。与此同时，高度繁荣的海上贸易逐渐带动了沿岸国家和城市的发展，一些世界著名的滨海"明珠"出现了。

基本概况

名　　称	阿拉伯海
面　　积	约 386 万平方千米
平均深度	2734 米
最大深度	5203 米

运输"咽喉"

在阿拉伯海阿曼湾北部和波斯湾有一处狭窄的海峡——霍尔木兹海峡。它是波斯湾向外界输送石油的唯一海上通道，也是世界上十分繁忙的航道之一。

格什姆岛

霍尔木兹海峡

格什姆岛

蠹立在霍尔木兹海峡北侧的格什姆岛是伊朗的领地。因为气候干燥，土地贫瘠，岛上的动植物资源比较单一。

格什姆岛的地质景观——盐洞

马尔代夫

马尔代夫由 1200 多个小珊瑚岛组成，是世界上最大的珊瑚岛国。凭借丰富的海洋资源，它的旅游业已经超越渔业成为第一支柱产业。

亚丁湾

亚丁湾是一片富饶的宝地，拥有很多海域望尘莫及的生物资源。得益于自然的馈赠，这里的很多居民靠打鱼为生。不过，日渐猖獗的海盗已经打破了这片海域的宁静。

科钦港

科钦港是阿拉伯海域有名的避风良港。作为印度古老的海港，它设有大型船坞、大宗煤炭以及石油装卸码头，年吞吐量在 500 万吨左右。

中国渔网

科钦海边有很多标志性的中国渔网。12 世纪到 13 世纪，这种原始的利用杠杆原理捕鱼的方式由中国人带到此地。

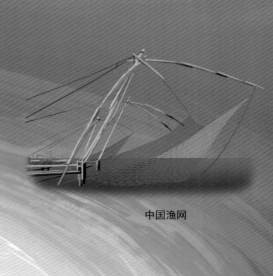

中国渔网

孟加拉湾

在印度洋的东北方向，海水形成了一个巨大的、近似三角形的海湾——孟加拉湾。这个世界上最大的海湾西临印度半岛，北靠孟加拉国和缅甸，东接中南半岛。其中构成北部"尖角"部分的是孟加拉国与恒河三角洲。

基本概况

名　　称	孟加拉湾	
面　　积	约 217 万平方千米	
平均深度	2586 米	
最大深度	5258 米	

恒河三角洲

恒河三角洲地区水系丰富、河网密集，面积达 6.5 万平方千米，是世界上最大的三角洲。其平均海拔仅为 10 米。这种地势虽然利于人口和城市集聚，能促进农业经济的发展，但是却无法抵挡严重的洪涝灾害。

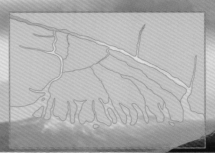

恒河三角洲

黄麻之国

恒河三角洲地形平坦开阔，土壤肥沃，加上气候温暖湿润，因此是种植黄麻等农作物的理想之地。凭借这个优势，孟加拉国大力发展黄麻种植业。现在，黄麻不仅成了这个国家的经济来源，更使孟加拉国成了仅次于中国的服装出口国。

当地人在收割黄麻

斯里兰卡

斯里兰卡是孟加拉湾中一座神秘宝岛。这里有珍贵的宝石、享誉世界的锡兰红茶，还有无比灿烂的海洋文明。

红茶和宝石

薄弱的抗灾能力

孟加拉湾地区属于热带季风气候。夏季，亚洲大陆上空会升起温暖的空气，温度相对较低的海洋湿润空气被其吸引，会慢慢向孟加拉湾地区移动。当这些空气飘到印度上空时，会形成巨大的云团，产生强降雨，进而引发大洪水。而恒河三角洲海拔接近海平面，根本无法抵挡飓风、海啸等自然灾害。一项统计表明，如果孟加拉湾的海平面上升1米，那么孟加拉国接近20%的土地都会被淹没。

孟加拉湾气象

当地人用"高跷垂钓"的方式捕鱼

高跷垂钓

斯里兰卡拥有悠长的海岸线，渔业资源十分丰富。但有意思的是，这里的人们一直习惯采取"高跷垂钓"的方式捕鱼。

孙德尔本斯红树林

紧靠孟加拉湾的孙德尔本斯红树林是世界上较大的红树林之一。这里不仅成了很多海洋鱼类繁殖下一代的理想乐土，还成了各种野生动物栖息的家园。

北冰洋

北冰洋是四大洋中最小的海洋，面积约为 1475 万平方千米。它位于地球最北端的北极圈内，被北美大陆和欧洲大陆环抱，通过格陵兰海以及一些海峡与大西洋相连，经白令海峡与太平洋"相见"。在这个冰雪王国里，我们不仅能看到一望无际的雪原、称霸一方的北极熊，还可以欣赏到天堂的焰火——极光。

冰海

北冰洋的气候十分恶劣，终年严寒，冰山林立。即使到了夏季，这里的平均气温也多在 8℃ 以下。这时，一多半的海面仍旧是冷气逼人的白色冰原。到了冬季，北冰洋的最低气温可达 −40 ～ −20℃，80% 的海面被冰封起来。与此同时，风暴也会咆哮着出现。

浮冰

极 光

　　美丽的极光多出现在两极地区严寒的秋冬夜晚，没有固定的形态，也没有固定的颜色。

极夜和极昼

　　因为地球公转、自转的关系。冬季，北极会向远离太阳的方向倾斜。这时，北极地区就会有全天 24 小时都是黑夜的现象出现。到了夏季，北极地区阳光普照，人们又会在一段时间内 24 小时都见到阳光。

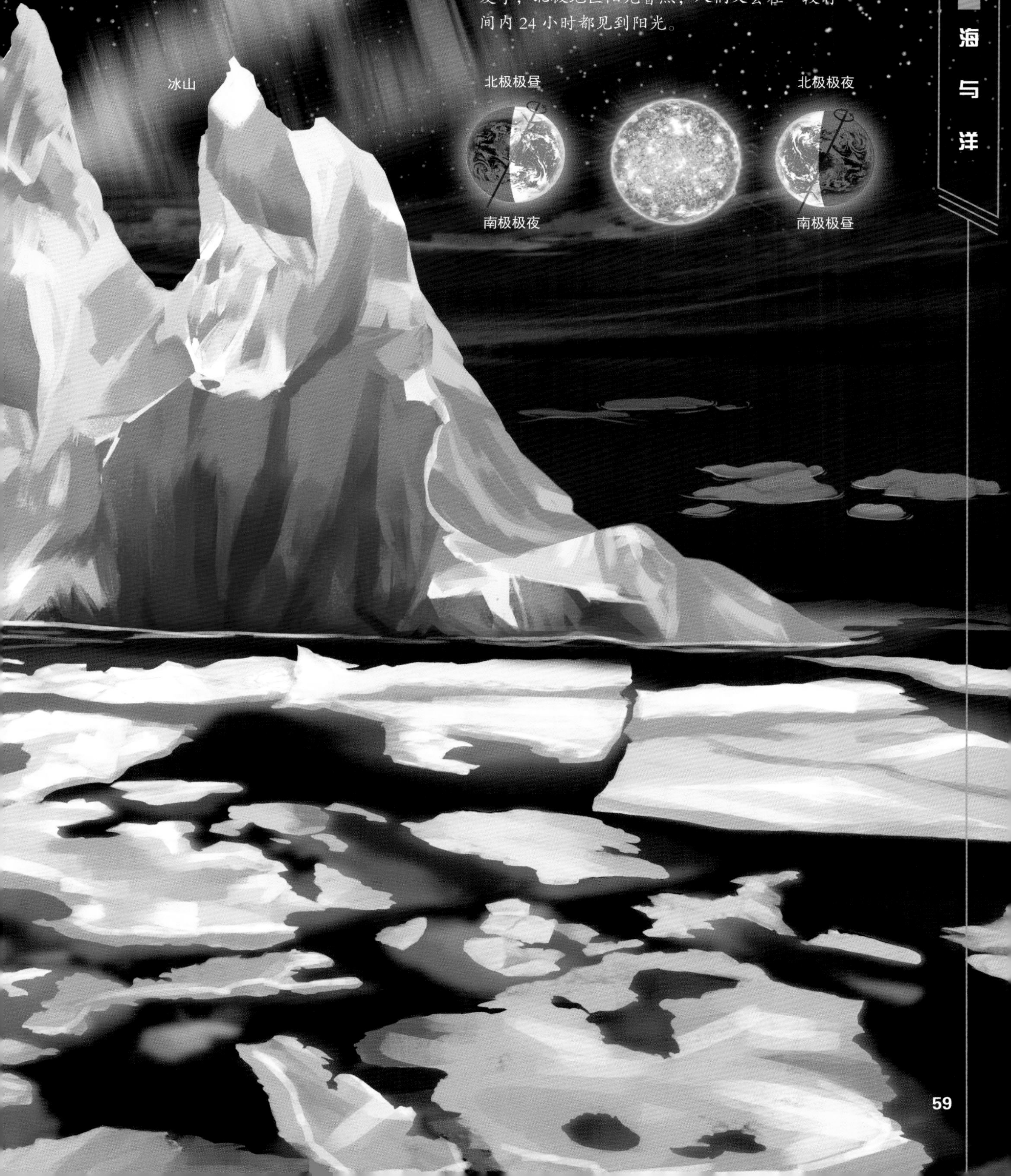

冰山

北极极昼

北极极夜

南极极夜

南极极昼

因纽特人

寒冷的北极是因纽特人的家园。过去的几千年间，这个传统又古老的民族一直依靠使用简单器械捕猎实现自给自足。如今，与祖辈相比，他们的生活已经发生了很大变化。无论是伊格鲁冰屋、用海豹皮做成的小船，还是雪橇，都退出了历史舞台。现在，因纽特人的衣食住行已趋于现代化了。

鱼钩

在捕鱼之前，因纽特人首先要做的就是凿一个大小合适的冰洞。

因纽特人全家合力2～3天就可以建造一座冰屋。

北极冰盖

在海流和风力的作用下，北冰洋上漂浮的冰被推聚在一起，形成了连续的冰盖。因受气温变化的影响，这个冰盖时大时小。冬季，漂浮的冰盖周围的表层海水遇冷凝结成冰；夏季，它又会受热融化。

北极冰盖边缘

生命力顽强的动植物

北极的自然条件异常严酷，要想在这里生存下去绝非易事。好在一些生命力顽强的动植物经过重重考验，拥有了在北极生存的本领。正是它们的存在，让北极的莽莽雪原变得如此多姿多彩。

北极狐

夏天，北极狐的体毛呈棕色或灰色；到了冬季，北极狐就会换上一件纯白色的"棉衣"，这件"棉衣"的厚度是夏季的 3 倍多。

北极狐

旅鼠

旅鼠是北极的常住"居民"。冬天时，这些小家伙会躲在温暖的地道中。可要在坚硬无比的冻土中打出通道来特别困难。因此，秋天一到，它们的前爪就会长出厚厚的角质层，为打洞做准备。

旅鼠

冰川毛茛

地衣和苔藓

较低的温度和冰雪的覆盖让北极部分地区形成了永久冻土层，这是很多植物面临的最大挑战。但地衣和苔藓却凭借超高的适应低温环境的能力在这里生存了下来。

地衣和苔藓

冰川毛茛

漫步在北极冰雪世界中，我们会发现一种叫冰川毛茛的开花植物。它们在温度低达 −5℃ 时，仍能迎寒开放。

北极熊

北极熊体表密密的软毛和身体厚厚的脂肪层足以使它们抵抗风雪和严寒。要知道，即便处在冰冷的海水中，这也绝对是一套绝佳的御寒装备。北极熊常年住在巨厚的海冰上，随海冰的漂移而迁徙、捕食。近年来，随着全球气候变暖，很多北极熊不得不在岸上生活更长时间，这意味着它们可能没法找到充足的食物。

北极熊

南大洋

在地球的最南端，有一片常年被冰雪覆盖的"白色沙漠"。环绕这片"沙漠"的海洋被一些人称为南大洋或者南冰洋，它是国际水文地理组织在 2000 年新确定的一个大洋，至今仍有争议。作为世界上唯一一个没有被大陆分隔开的大洋，南大洋中一年四季都漂浮着大大小小的冰山以及零散的海冰碎片，时而还会酝酿出让人唯恐避之不及的海上风暴。

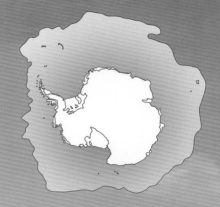

南极大陆

南极洲除周围岛屿以外的陆地叫作南极大陆。这片大陆大部分区域常年被冰雪"隐藏"，即使是在温暖的夏季，也仅有 5% 的裸露基岩没有被冰雪覆盖。因为地处地球最南端，气候、环境极其恶劣，使它成为世界上被发现最晚的大陆，那里至今也没有常住人口。

巨型淡水库

南大洋里有个巨型淡水库——南极冰盖。它是人们至今仍未完全踏足的神秘之地，是由千万年的积雪慢慢累积形成的。有关统计表明，南极冰盖的总体积约为 2800 万立方千米，平均厚度为 2000 米，蕴含着世界 72% 的淡水资源。

南极冰盖

2000 米

科学研究

目前，有30多个国家在南极建立了150多个科学考察站。这些考察站大都建立在南极大陆沿岸以及一些海岛的夏季露岩区。其中，中国昆仑站是所有考察站中海拔最高的一个。

中国昆仑科学考察站

冰芯

南极的雪在沉积的过程中，由于重力的作用，会连同大气灰尘、化学气体和微粒沉积成冰。科学家们可以通过从冰中钻取冰芯研究过去的天气变化。

冰芯

冰山

冰盖受到重力的推动作用，会缓慢地向海岸移动。那么冰盖的前缘被推到海面上，然后发生断裂就会形成平台状冰山。随着时间的推移，这些跟着海流移动的冰山会进一步分裂，直到彻底融化。

陨石

陨石

目前，人们已经陆续在南极发现了40000多颗陨石。陨石降落在南极冰盖后，受寒冷以及洁净环境的影响，会被很好地保存起来。

妙趣横生的海洋动物乐园

别看南极陆生动物很稀少，可南大洋里却生活着种类繁多的海洋动物。从不起眼的浮游动物到海豹、海狮、鲸等大型哺乳类动物，从不会飞的企鹅到可以自由翱翔天际的信天翁，姿态各异……它们的身影遍布礁石、沙滩、海冰、浅海以及幽暗的海底深渊，勾勒出了一个生机盎然的动物乐园。

旅 游

人们探索南极的脚步从未停止。现在，不但越来越多的科学爱好者喜欢来这里一窥冰雪极地的秘密，而且每年夏季都有成千上万的游客搭乘船舶到此观光。

磷虾

乘船舶来观光旅游的游客

蓝鲸

潜水员在寒冷的南大洋里发现了红藻

稀少的植物

与北极相比，南极气候更加酷寒，植物更加稀少，是地球上植物最稀少的地方。这里的植物一般为低等植物，主要是苔藓、地衣和藻类。

海洋世界大百科

64

"雪龙"号

中国唯一一艘能够破冰前行、执行极地考察任务的考察船——"雪龙"号先后 30 多次抵达南极，为中国极地科考事业做出了突出贡献。

中国"雪龙"号极地考察船

信天翁

信天翁

在南大洋的上空，我们时而能看到身姿矫健的信天翁。对于号称"世界飞鸟之王"的它们来说，日行千里、连飞数天丝毫不成问题。这些空中"滑翔专家"可以借助气流的作用，连续几个小时不扇动翅膀。

象海豹

帝企鹅

帝企鹅

帝企鹅是企鹅家族中体形最大的一类，它们身体的特殊构造让它们得以在南极大陆安然无恙地生存下去。

象海豹

繁殖期一到，象海豹群体中经常上演争夺配偶、抢夺地盘的大战。双方一旦开战，彼此就会拿出殊死一搏的气势，大声嘶吼着撕咬对方，直到一方遍体鳞伤败下阵来为止。

蓝鲸

南大洋堪称鲸类的乐土。每当南半球的夏季来临，包括蓝鲸在内的多种鲸类就会跑到南大洋去度过一段愉悦时光。

磷虾

尽管磷虾的个头不大，可成员们凑到一起就组成了一个重达几亿吨的庞大家族。海豹、企鹅、鲸等动物都以它们为食。

第三章
海洋地理

海岸线

地球被海洋和陆地完美地分割成了两部分，连接这两部分的地方就是海岸线。海岸线是陆地和海洋的分界线，它的形成除了受潮汐运动影响外，还受许多其他因素影响。我们从来不能低估海洋的力量，它在亿万年的时间里将地球上的陆地塑造成如今我们看到的样子。

海岸线有多长？

海岸线的形态曲折复杂，想要精确计算其长度很困难。据科学家估计，世界海岸线总长大约为44万千米，包括大陆海岸线和岛屿海岸线的长度。其中，中国大陆海岸线长约1.8万千米，岛屿海岸线长约1.4万千米。

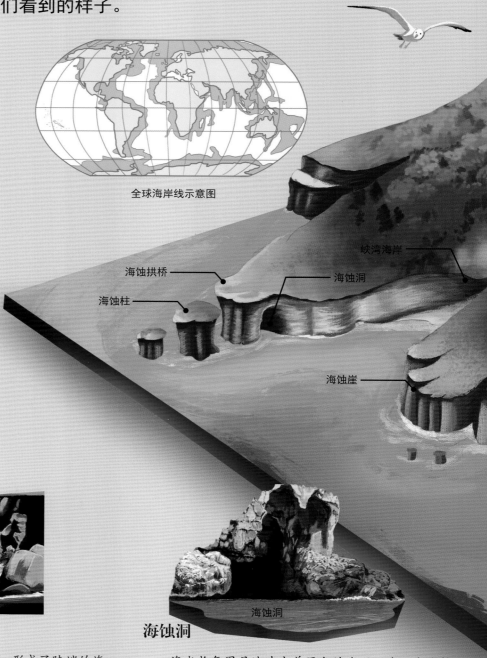

全球海岸线示意图

峡湾海岸

海蚀拱桥

海蚀洞

海蚀柱

海蚀崖

被"雕琢"的海岸线

海岸线没有特定的样子，并且一直处于变化中。板块之间的碰撞和分离决定了各个海岸线的形状和位置。大多数的海岸线或平直或蜿蜒，但是有些海岸线受巨浪、冰川和火山等影响变成了特殊的样子。

海蚀洞

海蚀崖

海蚀崖

海浪不断冲击着岸边的岩石，形成了陡峭的海边悬崖。夏威夷群岛的莫洛凯岛海岸线就呈现出了这种独特的风貌。这里有世界上最高的海蚀崖，平均坡度大于55°，非常险峻。

海蚀洞

海水长年累月地冲击着巨大的岩石，岩石上比较脆弱的部分就会被冲刷掉，逐渐凹陷下去，形成一个空洞。泰国普吉岛的攀牙湾就有极具代表性的海蚀洞，非常壮观。

火山海岸

火山喷发而出的熔岩等物质遇到冰冷的海水凝固堆积，还有一些靠近海洋的火山不断受到海洋的侵蚀，它们形成了独特的火山海岸。中国的涠洲岛就是火山喷发的产物。

海蚀拱桥

海岸边岬角处的岩石，两面都受到海水的长期侵蚀，逐渐形成了海蚀洞。海蚀洞渐渐被海水贯穿，就形成了海蚀拱桥。西班牙的卡特莱斯海滩堪称海蚀拱桥中的经典。这条海岸线上的海蚀拱桥规模庞大且数量惊人。当海水退潮后，细软的沙滩裸露出来，人们就可以近距离接触这些鬼斧神工的拱桥了。

海蚀柱

海蚀柱是在海蚀拱桥的基础上发展而来的。在风和地球引力等的作用下，海蚀拱桥的桥梁部分坍塌下来，将一侧的桥柱与海岸分离，这部分分离出去的桥柱就是海蚀柱。澳大利亚有12座这样的海蚀柱，被人们称作"十二门徒石"，但是随着海水的不断作用，这些海蚀柱已经坍塌了好几座了。

火山海岸

海蚀拱桥

海蚀柱

生物海岸

火山海岸

沙砾质海岸

生物海岸

生物海岸

主要出现在热带和亚热带地区，一般指由珊瑚等生物的残骸堆积而成的珊瑚礁，或者生长着红树林的海岸。

沙砾质海岸

峡湾海岸

峡湾海岸

峡湾海岸多数曾经都是冰川，随着陆地下沉被海水淹没，形成了曲折狭窄的峡湾。在挪威，这种峡湾海岸非常常见。

沙砾质海岸

海水中松散的泥沙小石子随着海水漂浮，逐渐堆积在一起，形成了一端与海岛相连的海岸沙嘴和岛屿之间相连的连岛沙洲。

大陆边缘水域

　　从大陆架到大陆坡再到大陆隆，海洋在逐渐加深，这些区域也从光照充足渐渐变得漆黑神秘，实现了从浅海到深海的过渡。

什么是大陆坡？

　　大陆坡介于大陆架和大洋底之间，呈陡峭斜坡的形态，它的底部是陆地与海洋的真正分界线。大陆坡的宽度多在几千米到数百千米。据统计，全球大陆坡总面积约为 2870 万平方千米，相当于 4 个澳大利亚大小，约占海洋总面积的 9%。

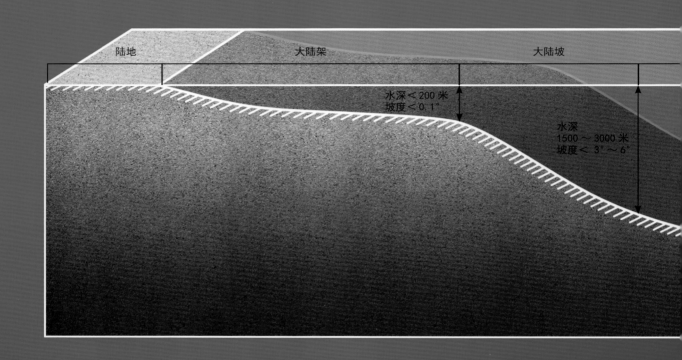

陆地　　　　　　大陆架　　　　　　　　大陆坡

水深 < 200 米
坡度 < 0.1°

水深
1500 ~ 3000 米
坡度 < 3° ~ 6°

大陆边缘

　　如果我们顺着沙滩继续向海里走，会发现陆地与海水并不是直接断开的，陆地在海水下平缓地延伸，逐渐变深，直到大洋盆地的边缘。大陆与大洋盆地之间的区域就是大陆边缘。大陆架是人类最先接触到的大陆边缘地带，这里盛产各种鱼类以及石油、天然气等，为人类的生产生活提供了丰富的物质资源。大陆架继续向海里延伸，突然下倾，形成一个很大的斜坡，这就是大陆坡。大陆坡很陡峭，但是到末端却渐渐变缓形成大陆隆，大陆的终点到了。

大陆架是如何形成的？

　　大陆架其实就是被海水淹没的陆地，那它又是如何被海水淹没的呢？原来，地壳在进行升降活动时，会造成部分陆地下沉，被汹涌的海水淹没，形成大陆架。此外，海浪长时间冲击、侵蚀海岸，会形成巨大的平台，平台被吞没后也能形成大陆架。

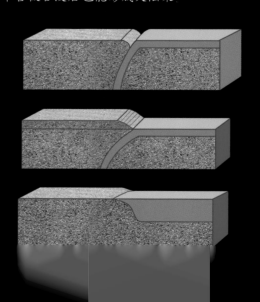

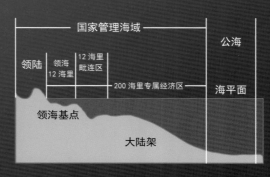

富饶的大陆架

大陆架坡度平缓，在阳光的照射下，大陆架的海水明亮温暖，这里生活着数量庞大的动植物。

大陆架的资源非常丰富，流入海洋的江河为大陆架带来了大量有机物，不仅形成了很多优良的渔场，还积累了海量的油气资源和矿藏。经过人类勘察，仅仅大陆架的石油储备就大致占据了地球上石油总储量的三分之一。

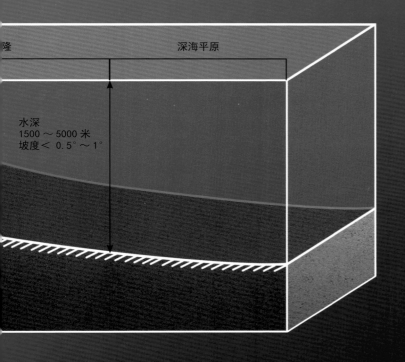

隆 深海平原

水深
1500～5000 米
坡度 ＜ 0.5°～1°

国家管理海域

领陆　　领海　　12 海里
　　　　12 海里　毗连区
　　　　　　　　　200 海里专属经济区

公海

海平面

领海基点

大陆架

领海的划分

由于大陆架资源十分丰富，为了避免沿海相邻国家之间发生矛盾，国际公约规定，除专属经济区外，沿海国家从海岸开始 12 海里内的海域为本国的领海。但相邻国之间的界限则需要进行具体的划分，但是即便是这样，沿海国家之间对于资源归属的争端还是时有发生。

水母是一种低等的无脊椎浮游生物，在浅海区最为常见，它们身姿婀娜，非常美丽。研究表明，它们出现得甚至比恐龙还要早。水母有一定的毒性，但除了极个别种类之外一般不致命。

水母

蓝环章鱼看上去非常美丽。但是你知道吗？蓝环章鱼是世界上毒性非常猛烈的动物之一，一只蓝环章鱼身上携带的毒素足以杀死 20 多个成年人。

蓝环章鱼

我们在热带海域常常能看见静止不动的珊瑚，但是珊瑚不是植物，而是由成千上万的珊瑚虫群居在一起构成的，它们不但没有随着时间的流逝而消亡，反而日渐规模庞大起来。

气泡珊瑚

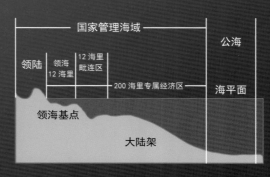

海滩

大海之所以能成为旅游胜地，除了有旖旎的自然风光外，还离不开能让人与大海亲密接触的纽带——海滩。但是，并不是所有沿海的位置都有海滩。在海浪的拍击下，岩石、沙砾和珊瑚等不同的物质被打磨成或细软或圆润的样子，然后随波逐流沉积在适宜的岸边，渐渐形成了形态各异的海滩。

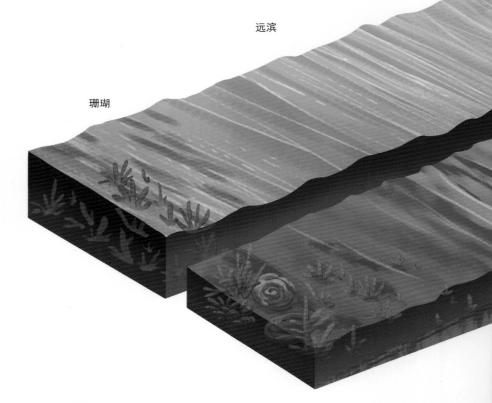

前滨

远滨

珊瑚

构成海滩的物质

我们常见的海滩大多是沙质海滩，是由沙构成的。除此之外，还有沙石质海滩和淤泥质海滩。沙石质海滩多由砾石构成，而淤泥质海滩的主要成分则是粉沙和淤泥。另外世界上还有很多神奇的海滩，如"荧光海滩""温泉海滩"等，吸引着世界各地的人们前去观光。

贝壳海滩

西澳大利亚丹汉姆45千米处的圣巴特斯岛应该是世界上最豪华的海滩了。这里有绵延110千米的由各种贝壳铺就的海滩。最令人称奇的是这条海滩并不是人造的，而是海浪、飓风和海洋生物几千年间汇聚的结果。

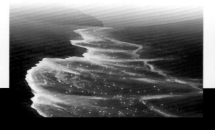

荧光海滩

世界上有多处荧光海滩，但是以马尔代夫最多。夜晚海滩上星星点点的蓝色，像跌落在凡间的繁星，美得让人窒息。马尔代夫这些美丽的光点叫多边舌甲藻，它们受到海浪的拍打而发出光亮。

黑沙滩

火山喷发后，滚烫的岩浆流入海里，冷却后变成细小的熔岩颗粒，经过海水的长期作用，这些熔岩颗粒堆积成了黑色的沙滩。冰岛维克小镇的黑沙滩漆黑神秘，吸引了世界各地无数慕名而来的参观者。

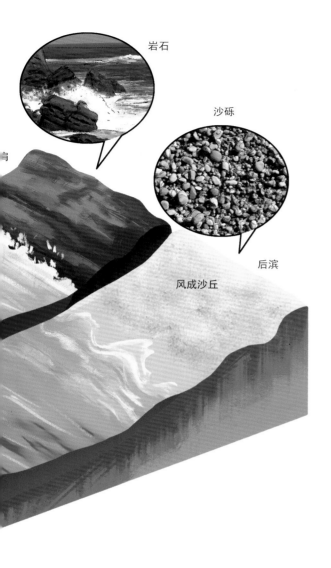

岩石

沙砾

风成沙丘

后滨

海滩养护

　　海水对海岸的冲刷侵蚀是永不停歇的，采取相应措施进行海岸防护成为很多沿海地区的重要任务。当海滩遭受侵蚀比较严重或沙量不足时，人们就会运送沙石放置在侵蚀严重的地方，有时还会视情况修建堤坝进行防护。这种人工海滩能有效地维持海边沙量的平衡，减缓海水对海岸的侵蚀。

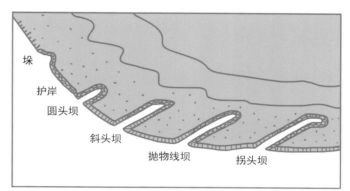

埃

护岸

圆头坝

斜头坝

抛物线坝

拐头坝

丁坝平面图

丁坝

粉红海滩

　　巴哈马群岛上的哈勃岛有世界上最粉嫩的沙滩，这种粉色的沙滩是由白色的珊瑚粉末混合当地近海特有的一种有孔虫的遗骸堆积而成。这种有孔虫是红色或亮粉色的，比例又比较高，沙滩自然呈现出粉红的颜色了。

绿色海滩

　　世界上仅有两处绿色沙滩，夏威夷大岛的南部就有其中一处。绿色沙滩的成分主要是橄榄石。远远望去，绿色的沙滩和蔚蓝的海洋相映成趣，成为一条极其独特的风景线。

温泉海滩

　　你肯定想不到海滩上还能有这样的奇遇：海水退潮两个小时后，带一把铲子，找好位置挖一个大坑，坑里居然就能慢慢渗出温泉来。这里是新西兰科罗曼德尔半岛的一处海滩，因为沙滩下两千米处有火山活动，所以形成了这种特殊的自然现象。

海陆之间

海洋和大陆之间的联系千丝万缕，但并不是所有的海洋都与陆地相连，陆地上的河流江湖也会奔腾而下，汇聚在一起，冲出大陆，奔向海洋。河流和海洋交汇的地方就是河流的入海河口，这个位置一端连接河流，一端连接海洋，随着径流和潮汐的变化，这里的水文条件也在不断变化着。

河口区分段

河口区处在陆地和海洋之间，它并不是单纯的一个点，而是一个区间带。这个区间带可以划分为三段：受潮汐影响的河流近口段、淡水盐水混合的河口段以及连接海洋的口外海滨段。这三段的界限并不是固定不变的，径流流量等因素的变化会使它们之间的界限产生迁移。

三角洲

河流流入海洋时，流速减缓，水中携带的泥沙在河口沉积，形成状似三角形的河口冲积平原，这就是三角洲。三角洲根据沉积模式不同可以分为三角洲平原、三角洲前沿以及前三角洲。

受潮汐影响的河流近口段

淡水盐水混合的河口段

连接海洋的口外海滨段

钱塘观潮

　　每年的农历八月十六至十八日，地球和太阳、月亮几乎处在同一条直线上，这几天海水受到的引潮力最大，加上钱塘江入海口处喇叭状的特殊地形，形成了钱塘江大潮景观。钱塘江大潮非常壮观，汹涌的潮水一浪高过一浪地奔涌而来，潮峰最高时达 3～5 米，每年这个时候都会有几万甚至十几万人慕名而来观潮。

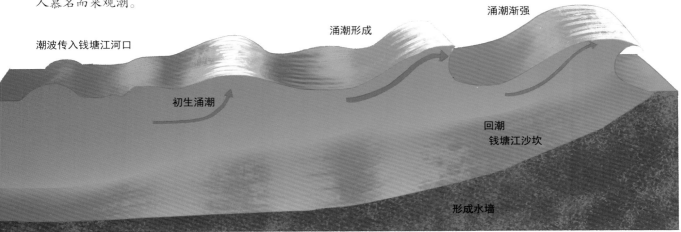

涌潮增强

涌潮渐强

涌潮形成

潮波传入钱塘江河口

初生涌潮

回潮
钱塘江沙坎

形成水墙

钱塘江大潮形成的过程

河口生物群落

　　入海河口的水域盐度介于海水和淡水之间，涨潮和退潮翻动着有机物和矿物质，丰富的饵料为许多生物提供了食物。这里是鱼类和贝类的家园，它们在茂密的水草、红树林或其他适应微咸水的植物中生活着。一些动物会在河水和淡水之间洄游，鲑鱼、鳟鱼、江豚、鳗鲡等动物在洄游时都会在河口区停留，它们会调节自己的身体，来适应河口的环境。当然，河口也少不了鸟儿的身影，这里有丰富的食物，是候鸟迁徙的重要"驿站"。

河口生物群落

海水深度

毫无疑问，海洋是地球生命的起源，我们永远无法否认这一点。海洋里的生物受光照、温度和压力等因素影响，生活在不同的地域，这些地域有深有浅，有明亮也有黑暗。海洋从纵深上可以分为五层：海洋上层、海洋中层、海洋深层、海洋深渊层以及海洋超深渊层。阳光只能穿透海洋上层和海洋中层，所以大多数的海洋生物都生活在这两层。海洋深处漆黑冰冷，只有少数的生物能适应那种极端的环境。

生命旺盛的地方

海洋上层的水量是最少的，但是这里生活的生物却是最多的。海洋上层具有十分好的透光性，阳光直射这一层，让这层的海水温暖明亮，浮游植物得以积极地进行光合作用，同时浮游生物又为上层生物链提供了充足的食物补给。海洋中层虽然是弱光层，海水较凉，光线也较暗，但还是有不少生物生活在这里。

生活在不同的深度生物

从中层海域的中下部开始，直到超深渊海域，都是漆黑冰冷的，深海处的水温甚至接近冰点。虽然生存环境恶劣，但是依然有许多生物生活在这里，它们在漫长的生命进化中逐渐改善自身的机能，让自己能够适应极端的环境，以躲避上层生物的捕猎。

0～200 米

200～1000 米

1000～4000 米

4000～6000 米

6000 米以下

海洋上层 0～200 米
海洋中层 200～1000 米

海洋深层 1000～4000 米

海洋深渊层 4000～6000 米

海洋超深渊层 6000 米以下

海水深度划分

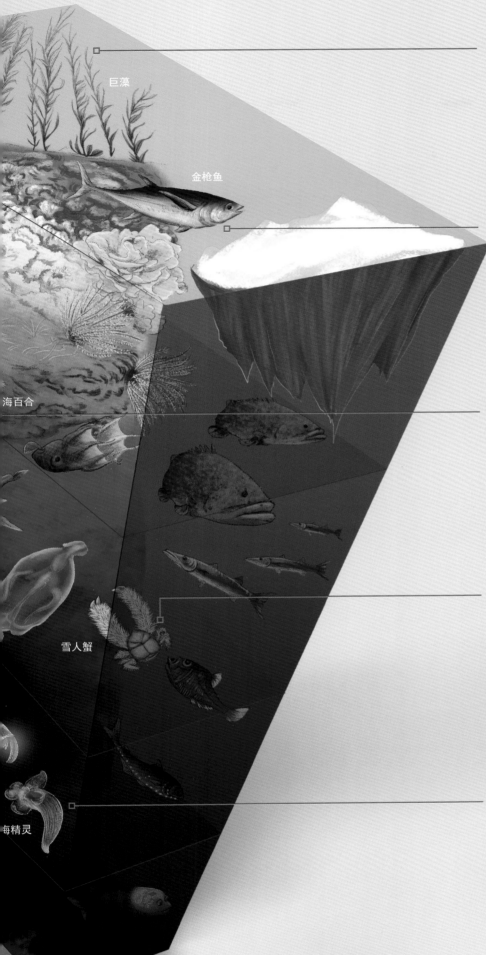

巨藻

金枪鱼

海百合

雪人蟹

每精灵

巨藻

最长的藻类应该非巨藻莫属了，大多数的巨藻都能生长到几十米长，有的巨藻甚至能达到二三百米长。它们成片生长在海面下的岩石上，远远看去，就像一片海中森林，郁郁葱葱。

金枪鱼

大多数金枪鱼生活在100～400米深的海域，它们游泳速度非常快，并且一生从不停歇。游泳使它们的能量消耗得很快，它们必须靠不断进食来满足自身的能量需求。

海百合

海百合颜色鲜艳，形态妖娆，看起来非常美丽。但是千万不要以为它们是植物，它们可是货真价实的动物呢。海百合是十分古老的物种之一，它们早在寒武纪早期就已经存在了。

雪人蟹

雪人蟹被发现生活在2000多米的深海，它全身雪白，螯上生长着长而浓密的绒毛。它长得与正常的蟹没什么不同，但是它的眼睛只是"摆设"，因为它的视网膜功能已经完全退化了。

冰海精灵

冰海精灵这个名字多么美，这种海洋生物极其珍贵，人们只能在南北极这种冰冷的海域才能见到它。它终生生活在结了冰的海水之下，全身几乎半透明，晶莹剔透十分可爱。

海洋深处

随着文明的发展和科技的进步，人类对世界的认知已经不满足于大陆了，我们将目光聚焦在了更神秘的宇宙和海洋。人类探索宇宙的步伐明显要快过探索海洋的步伐。虽然人类的潜艇已经能到达海底一万多米的深处，但是离实现真正的探索还有些遥远。我们不能否认，海洋深处危险重重，神秘莫测，可这也正是它最吸引人之处，无论是深不见底的海沟、稀奇古怪的生物，还是不可预知的资源、蓄势待发的火山热泉，都吸引了无数有志之士努力钻研不断探索。

奇妙的海底热泉

在深海底部有一些奇妙的地方，这些地方会主动向外喷出热气腾腾、烟囱一样的热水，这就是海底热泉。20世纪70年代，美国科学家对太平洋东部洋底进行了考察。工作人员乘坐"阿尔文"号深潜器下潜到东太平洋底，发现了大量的海底热泉。它们不断向外喷涌热液，喷口处形成了高达几米甚至几十米的羽毛状烟柱，场面非常壮观。科学家将这些热泉称为"海底烟囱"。

海底热泉附近有什么生物?

按道理，像海底热泉附近这种缺乏氧气、温度多变、含有大量有毒物质的恶劣环境，是不应有生命存在的。但是，海底热泉为科学家展示了"生命的奇迹"，这里居然有生物在自由地生活着。

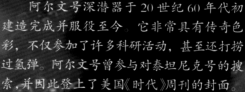

阿尔文号深潜器于20世纪60年代初建造完成并服役至今。它非常具有传奇色彩，不仅参加了许多科研活动，甚至还打捞过氢弹。阿尔文号曾参与对泰坦尼克号的搜索，并因此登上了美国《时代》周刊的封面。

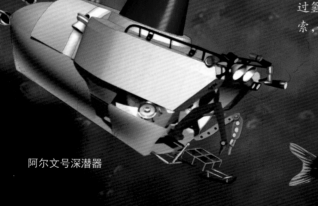

阿尔文号深潜器

可怕的尖牙

著名的"食人魔鱼"说的就是角高体金眼鲷。看它张大的嘴和尖细的牙齿是不是很吓人? 它最深能下潜到水下5000米的海洋深渊层，因为深海食物匮乏，它通常见到什么就吃什么，十分恐怖。

角高体金眼鲷

黑暗中的捕食者

深海中的生存环境十分恶劣，阳光无法到达那里。那里海水冰冷，周围一片漆黑，因此深海生物多为黑色或红色。但是别以为生活在深海的动物都是安全的，它们也有自己的食物链，更可怕的是，还有巨大的外来生物侵扰，它们得时刻保持警惕，并练就一身捕食逃命的本领。

抹香鲸

光的诱惑

深海中有许多会发光的鱼类，蝰鱼就是其中一种。蝰鱼的身体两侧、背部、胸腹和尾部都有发光器，黑暗中闪闪发光十分靓丽。但它的光可不是为了美丽，而是利用黑暗环境中自身的光亮吸引猎物靠近，然后一口吞掉它们，填饱自己的肚子。

跨海域捕食

巨大的抹香鲸非常擅长潜水，因此它能潜到更深层的海域中。如果运气好的话我们能看到这样的场景：巨大的抹香鲸在安静的夜色中浮在水面上酣然入睡，睡醒后就下潜入深海去寻找大王乌贼等猎物来填饱肚子。

蝰鱼

庞贝蠕虫

庞贝蠕虫

科学家们在海底热泉岩石上发现了大量的庞贝蠕虫，它们竖起细长的管子并蛰居在里面，丝毫不为热泉的高温所动。它们是地球上已知的最耐高温的动物。

海底地形

千百年来，人类对于海洋的探索止步于海水表层，直到20世纪科技发展带来技术支持以后，人们才将目光投向神秘幽暗的海底。当海底复杂与独特的地形呈现在科学家眼前时，他们才认识到，人类对海底的了解太少了。海底与大陆一样，也有沟壑纵横，那里有比陆地最高峰还要高的山脉，有成片高低起伏的丘陵，还有比陆地还要平坦的平原以及深不见底的海沟。海底世界丰富多彩，藏着许多我们还未探知到的秘密。

古老的海洋，年轻的海底

海洋存在的时间非常悠久，几乎与地球同龄。但与其相比，海底要年轻许多。地质学家在采集了海底岩石标本后发现，海底的"年龄"不超过2.2亿年。

海底是怎么诞生的？

科学家们分析，大洋中脊是海底的起源之处。大洋中脊有一处中央裂谷带，大量滚烫的熔岩从那里涌出，在遇到冰冷的海水后迅速降温冷却，形成了海底。根据海底扩张学说，随着时间推移，新的海底会推动着较老的海底向两侧扩展，我们现在所见到的海底正是这样一步步扩张形成的。

"海洋山脉探索计划"

这是一项由美国国家海洋与大气管理局资助、支持的科考活动。科学家利用载人潜艇、潜水机器人、水下摄像机等高科技，对海底山脉进行了细致的调查，结果他们发现了鲨鱼、章鱼、珊瑚以及大量未知物种。对此，科学家认为海底山脉周围浮游生物多，吸引了海量水生动物，构成了完善的生物圈。

海底扩张学说

20世纪60年代初，美国科学家赫斯提出"海底扩张"的概念。之后不久，另一位科学家罗伯特·迪茨在著名科学杂志《自然》上第一次采用了"海底扩张"的专业术语。

深海平原

大洋最深处——海沟

海沟是海洋最深的地方，位于大洋边缘地带，形态一般呈弧形或直线，长度多在500千米以上，宽度多超过40千米，深度则大于5000米。目前，人们发现的世界上最深的海沟是位于太平洋的马里亚纳海沟。

重要的深海平原

深海平原是大洋盆地错综复杂的地形之一，这里地形平缓，几乎没有人为开发的痕迹，平坦程度甚至超过了陆地平原，是地球上人迹罕至的"净土"。深海平原广泛分布在世界各处海域的底部，约占据海底面积的40%。这里矿藏丰富，铁、铜等金属矿产储量巨大，在将来，这里极有可能成为人类新的资源宝库。

海底地形的主体

大洋盆地是海底地形的主体部分，大约占据了海底总面积的45%。不要以为大洋盆地只有盆地，相反，它的地貌复杂多样，凹凸不平，包括深海平原、深海丘陵等地形。

深海平原

深海丘陵

海沟

海底火山

大洋底部散布着两万多座海底火山，其中有近70座是活火山，它们大多分布在大洋中脊和大洋边缘的岛弧处。在地壳运动和火山活动的长期作用下，有的海底火山会升出海面，形成火山岛，邻近的火山岛们会形成较大的岛屿，夏威夷岛就是这样来的。

海岭的分布

海岭分布在地球各大洋的海底，其中最典型的要数大西洋。大西洋中央有一条贯穿冰岛和南极的海岭，整体呈"S"形。亚速尔群岛等露出水面的大岛是这条海岭的最高峰。

海洋的脊梁

脊柱对于大部分生物来说都是重要的支柱，而洋中脊被称为"海洋的脊梁"，其重要性不言而喻。洋中脊又叫"中央海岭"，是海底扩张的中心，决定着海洋的成长。洋中脊的规模非常庞大，横贯各大洋，绵延几万千米，宽数百到数千千米。

珊瑚礁

珊瑚虫是海洋中最杰出的"工程师",它们经过成千上万年的累积,形成了我们如今能看到的珊瑚礁。珊瑚礁在浅海最为常见,它们为很多动植物创造了一片生活的"乐土"。珊瑚礁大约每年生长2.5厘米,生长速度非常缓慢。可想而知,如今知名的大珊瑚礁是经过多么漫长的岁月才积累而成的。而这样漫长的岁月同时也为珊瑚礁积累了丰富的矿产资源。

珊瑚礁类型

珊瑚礁与海岸线有着密不可分的关系,最初对珊瑚礁进行分类的是英国生物学家达尔文,他根据珊瑚礁与海岸线的关系将珊瑚礁分为三类:岸礁、堡礁和环礁。

查尔斯·罗伯特·达尔文,1809 年—1882 年

致命杀手

棘冠海星是珊瑚礁的"房客"之一,与大多数友好的"房客"不同,棘冠海星的存在会威胁到珊瑚虫的生命。一旦这个族群大规模繁殖生长,珊瑚虫就难以摆脱被蚕食的命运了。

棘冠海星

岸礁

　　岸礁又被称作裙礁或边缘礁，是生长在大陆或者岛屿边缘的珊瑚礁。有些岸礁可以向海岸外延伸数千米，由于它们生长的深度比较浅，涨潮时就会被淹没，退潮时才会露出水面，因此为航海安全带来不小的威胁。现在的航海图上都会精确地标明岸礁的位置，靠近航线的岸礁附近还会建起灯塔为来往船只指引方向。

岸礁

堡礁

　　有一些珊瑚虫喜欢生活在远离海岸的浅海中，它们汇聚在一起形成了宽带状的大珊瑚礁，这些珊瑚礁紧挨潟湖，与海岸隔湖相望。堡礁的宽度大多数有几百米，很少有超过1000米的，但是长度跨度却很大。

堡礁

环礁

　　达尔文认为火山岛与环礁的形成密切相关：珊瑚沿着火山岛周围生长，形成岸礁，随着海平面上升或火山岛下沉，最终变成环礁。人类对海洋的探索程度只能算是冰山一角，对于很多地理结构和自然现象的研究也是靠仅有的科学证据来进行，并以推理和猜测居多，因此关于环礁形成的原因，一直众说纷纭。

环礁

　　大堡礁位于澳大利亚东北海岸，长度超过2300千米，由几千个珊瑚礁、珊瑚岛、沙洲组成，是世界上最大的珊瑚礁。大堡礁在地球上存在的历史已经超过200万年，它完全自然生长，是纯粹的天然景观。

岛屿

人们将比大陆小且被水体环绕的陆地称为岛屿。岛屿的面积大小不一，从不足一平方千米的屿，到足够千万人生活居住的几万平方千米的岛，不一而足。与江河、湖泊相比，海洋中岛屿的数量是最多的。在一定地域范围内，有两个以上的岛屿，就可以被称作岛屿群；大型的岛屿群就是群岛。有一些国家的国土基本都分布在岛屿上，这样的国家还可以被称作岛国，比如新西兰、日本等。

马尔代夫

岛屿的分类

岛屿形成的原因有很多，人们按照岛屿的成因将其分为四类：大陆岛、珊瑚岛、火山岛和冲积岛。世界上比较大的岛屿大多数都是大陆岛。

大陆岛

大陆岛在很久以前曾经是大陆的一部分，但是在大陆地壳活动剧烈的时期，下沉的陆地或上升的海水使一部分陆地与整个大陆分开，形成了大陆岛，中国的台湾岛、日本诸岛等都属于大陆岛。

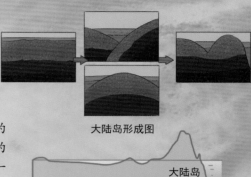

大陆岛形成图

大陆岛

大陆岛

珊瑚岛

珊瑚岛一般分布在热带海洋地区，它们的形成一般与地质构造没有太大的关系，而是由海洋里活着的动植物或它们死后的残骸堆砌形成。珊瑚岛主要集中在南太平洋和印度洋。

马尔代夫是世界上最大的珊瑚岛国，那些细软的沙滩之所以呈现出雪白的颜色，是因为覆盖了一层厚厚的磨碎的珊瑚粉末、珊瑚沙和珊瑚泥。

珊瑚岛

珊瑚礁在火山岛周围形成　　岛被侵蚀，珊瑚礁继续扩展　　最后剩下暗礁和矮岛

珊瑚岛的形成图

火山岛

海底火山喷发的物质不断堆积形成岛屿，除了在大陆架和大陆坡海域形成的火山岛之外，其余的火山岛与大陆的地质构造没有什么关系。夏威夷群岛中的大部分岛屿都是火山岛。

瓦胡岛

夏威夷群岛

火山岛形成图

冲积岛

组成冲积岛的主要物质是入海口处江河搬运来的泥沙，因此也被称作沙岛。世界上许多大河的入海口处都有冲积岛。由于冲积岛的主体是泥沙，因此它会因周围水流的变化而发生大小和形态上的变化。

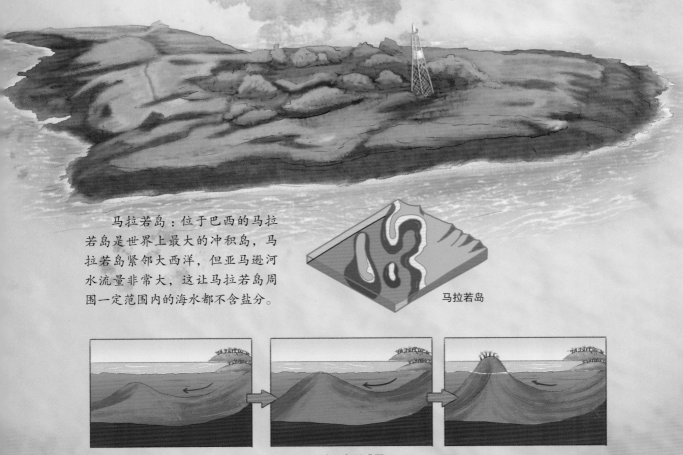

马拉若岛：位于巴西的马拉若岛是世界上最大的冲积岛，马拉若岛紧邻大西洋，但亚马逊河水流量非常大，这让马拉若岛周围一定范围内的海水都不含盐分。

马拉若岛

冲积岛形成图

岛和屿的区别

虽然人们常把岛屿放在一起，但实际上，岛和屿是有所不同的。岛的面积相对较大；而屿的面积要比岛小很多，通常依附陆地或岛存在，有的屿还会在海水涨落的时候"运动"。

中国的岛屿

别看中国陆地辽阔，岛屿却一点也不少。中国海域大大小小的岛屿共有 7600 多个，岛屿海岸线长 1.4 万多千米。东海的岛屿数量最多，约占岛屿总数的 60%；南海的略少，约占岛屿总数的 30%；渤海的最少，大约只占岛屿总数的 10%。

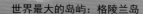

世界最大的岛屿：格陵兰岛

岛屿数量知多少

据科学家统计，目前全球岛屿的数量超过了5万座，其面积之和大致相当于俄罗斯的国土面积，占据了陆地总面积的7%左右。

跨国的岛屿

世界上绝大多数的岛屿都只归一个国家所有，它们或是自成一国，或是归属于一国。但是有一些岛屿却是例外，这些大岛分属于不同的国家，甚至有些国家因为岛屿归属权的问题产生争端。

圣马丁岛：圣马丁岛是位于加勒比海东北部的一个岛屿，分属于荷兰和法国。法国部分占全岛面积的61%；荷兰部分占全岛面积的39%。

圣马丁岛

世界最小的岛国：瑙鲁。它的陆地面积只有21.1平方千米，海洋专属经济区面积却达到32万平方千米。

瑙鲁

87

群岛和半岛

　　岛屿们像地球上的星辰一样散布在不同的大洋中，但是如果仔细观察我们会发现，很多岛屿并不是独立存在的，它们有的一部分与大陆相连，有的则与周边的岛屿连成一片，形成大规模的群落。

群岛

　　海上有许多相距很近的岛屿，这些岛屿集合在一起，统称群岛。世界上四个大洋中都有群岛分布，大大小小的群岛有50多个，位于太平洋的有19个，大西洋有17个，印度洋有9个，北冰洋有5个，其中以太平洋的群岛最多。这些群岛根据形成原因的不同可以分为构造群岛、火山群岛、生物群岛以及堡垒群岛。

群岛也分大小

　　与普通的岛屿一样，群岛也有大小之分。群岛之间的界限并不是很分明，很多小的群岛看似互相之间没有关联，实则同属于一个大群岛。比如菲律宾群岛、大巽他群岛以及东南群岛等都属于马来群岛。

群岛

半岛

构造

托克劳群岛

世界之最

　　位于西太平洋海域的马来群岛是世界上最大的群岛，群岛上的岛屿多达2.5万多个，分属于马来西亚、印度尼西亚、菲律宾、新加坡等不同的国家。马来群岛位于板块交界处，地壳不稳定，导致这里地震、火山爆发时有发生，马来群岛在这些地质活动的塑造下，变得地形崎岖，山脉纵横。

　　南太平洋的托克劳群岛是世界上最小的群岛，面积只有10平方千米左右。它由3个珊瑚环礁组成，即努库诺努环礁、法考福环礁和阿塔富环礁。

位于舟山群岛的普陀山是中国四大佛教名山之一，素有"南海圣境"之称

火山群岛

生物群岛

堡垒群岛

冲积半岛的形成

堆积半岛的形成

中国的群岛

舟山群岛是中国第一大群岛，舟山市也是中国仅有的两个以群岛建制的地级市之一，另一个是海南省三沙市。舟山群岛是亚热带海洋性季风气候，资源丰富，气候宜人，风光优美，有"东海鱼仓"之称，吸引了国内外游客前来观光游玩。

半岛

大陆的边缘地带有一些地方因为地质构造断裂塌陷，形成一半深入水中，一半与大陆连接的岛屿，这样的岛屿被称为半岛。另外，水流携带的泥沙和海浪侵蚀的岩石碎屑等物质也会随海水运动逐渐堆积扩大，与大陆相连，这也是部分半岛的成因。

火热的半岛

世界上最大的半岛是阿拉伯半岛，然而，虽然它的名字叫半岛，岛上的大部分地区却是沙漠。那里气候极度炎热干燥，年降水量极少，有的地区甚至几年都不下雨。

迪拜位于阿拉伯半岛中部，是建立在沙漠上的城市

89

海峡和海湾

当你仔细观察世界地图时会发现，地图上两块陆地之间常常有一条狭窄的水道，它的名字叫海峡。还有一些海域地形十分特殊，它们只有一面与海洋相连，其余的部分深入陆地，这片被陆地环抱着的海域就是海湾。一般来讲，海峡的深度比较大，水流也相对湍急。由于海峡沟通两端海域，地理位置十分特殊，它往往是海上交通的要道。

海峡的形成与特点

海峡是由于海水对地峡的裂缝进行长年累月的侵蚀，或者原本存在的陆地凹处被海水淹没后形成的地貌。海峡一般位于陆地和海岛之间，两端连接着海域，水位较深，水流湍急，经常出现涡流，因此这里很少有细小的沉积物，水底多是坚硬的岩石。另外，海峡中不同位置的海水温度、盐度、透明度等都有差异。

海峡的形成

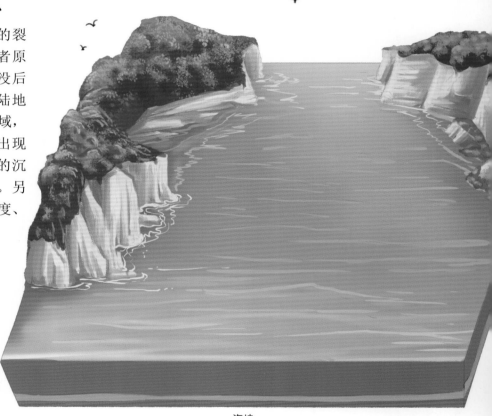

海峡

重要意义

由于海峡是两块陆地之间的天然水道，因此对于许多国家来说，海峡是一个至关重要的存在，具有非常高的航运价值和战略地位。

国际海峡

很多国家将自己的领海宽度定为12海里，然而有的海峡比较狭窄，根本不足24海里，因而这片海峡的所有权归属于两国。但是有时有些重要的国际贸易航线需要经过这片海峡，因此国际《海洋法公约》对通航制度做了专门的规定。

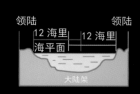

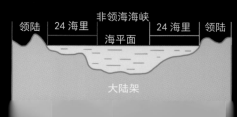

世界上最大的海湾

世界上最大的海湾是位于印度洋的孟加拉湾，它依偎在斯里兰卡、印度、缅甸等国的怀抱中。优越的地理条件使这里生物资源和矿产资源十分丰富。然而孟加拉湾却是个"会发脾气"的海湾，每年4—10月，这里总会孕育出超强的热带风暴，伴随着滔天的海潮冲向恒河－布拉马普特拉河口，给当地带来巨大的灾害。

奇怪的命名

孟加拉湾是孟加拉国的吗？事实上，孟加拉湾沿岸有7个国家，它是归多国所有的。世界上还有许多这样的地方，这些地方以某一国的名字或某一个民族的名字来命名，但这并不代表归属权，而是作为一种国际通用的地理标志。

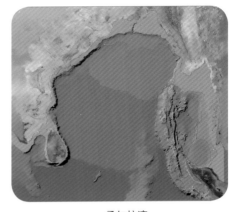

孟加拉湾

2008年4月底，孟加拉湾中部形成了一个气旋——纳尔吉斯，起初它缓慢地向西北方向移动，而后改变方向向东移动，并且强度增强，形成强气旋风暴，最后在缅甸伊洛瓦底省登陆。纳尔吉斯给缅甸带来了极大的灾害，十几万人因此死亡和失踪。

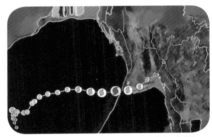

从孟加拉湾形成的气旋——纳尔吉斯

海湾

纳尔吉斯经过后的伊洛瓦底局部图

非领海海峡

在那些宽度大于24海里的海峡，除去两岸国家领海范围的海域里，所有的船只都是可以自由通行的，这样的海峡就是非领海海峡。

英吉利海峡沿岸的七姐妹悬崖

英吉利海峡同属英、法两国，是国际航运要道。图为英吉利海峡沿岸的七姐妹悬崖，它以其陡峭的悬崖和独特的风光吸引了无数的游客。

内海海峡

内海海峡归沿岸国家所有，在所属国家的领海基线以内，其余国家的船只如果想要在这里通行，必须经过该国的允许，并且需要遵守该国的法律规章制度。

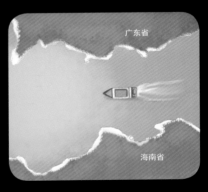

广东省

海南省

琼州海峡是中国的内海海峡

第四章
海水运动

海浪

在一望无际的海边，我们经常能看到这样的景象：翻腾的海浪带着一往无前的气势，狠狠拍打在礁石上，粉身碎骨，变成一片片雪白的浪花。看到此情此景，不知道大家有没有想过，海浪的本质是什么？它们又是怎样产生的呢？

海浪的"真面目"

海浪并不神秘，究其本质，它只不过是一种在海洋里随处可见的波动现象，是海水运动的表现方式。

那海浪又是怎样产生的呢？答案其实很简单，绝大部分海浪都是在风直接或间接的影响下形成的。举个简单的例子，当风吹过时，海面在其作用下，开始荡起层层叠叠的浪花。如果风力慢慢变大，并保持在一定程度没有消减的话，那么波浪就会不断起伏，并变成较大的海浪。

海浪的分类

海浪的类型有很多种。一般人们都会按照其传播过程，将海浪大致分为风浪、涌浪、近岸浪三种。

近岸浪：当风浪或者涌浪抵达岸边后，受到地形影响后改变的浪。

风浪：在风力直接作用下产生的海面波动现象。

涌浪：当区域内的风平息后，或者风在区域外所引起的浪。

翻腾的海浪拍打在岩石上

风

海浪

风力作用下的海浪

海浪的等级

什么？海浪还分等级？那是当然的了！作为大海中最常见的物理现象，海浪的威力不容小觑。如果不能对海浪做一个科学的等级划分，那么对于航海工作者来讲，会是一件非常糟糕的事情。

海浪的等级一般都是由波高决定的。而所谓波高，其实指的就是相邻的波峰与波谷之间的垂直距离。以下图为例，两者之间的垂直距离越大，也就意味着海浪的等级越高。

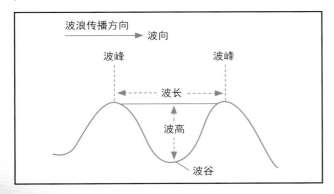

为此，我国国家海洋局在进行了多年详细的研究后，根据波高将风浪分为 0～9 十个等级，对应涌浪的五个级别。

浪级	风浪名称	涌浪名称	浪高区间（米）
0	无浪	无涌	0
1	微浪	小涌	< 0.1
2	小浪		$0.1 \leq H_{1/3} < 0.5$
3	轻浪	中浪	$0.5 \leq H_{1/2} < 1.25$
4	中浪		$1.25 \leq H_{1/2} < 2.5$
5	大浪	大浪	$2.5 \leq H_{1/3} < 4.0$
6	巨浪		$4.0 \leq H_{1/3} < 6.0$
7	狂浪	巨浪	$6.0 \leq H_{1/3} < 9.0$
8	狂涛		$9.0 \leq H_{1/3} < 14.0$
9	怒涛		$H_{1/3} \geq 14.0$

为什么"无风也有三尺浪"？

很早以前，有人注意到，即便海上一点风都没有，海面依旧会出现波浪。这其实是别处海域的风浪传播过来的缘故。但就算彻底摆脱风力作用，大海也仍会受到像天体引力、火山喷发、海底地震、塌陷滑坡、气压变化等其他力量的影响，形成巨大波动，造成海浪的出现。

除此之外，还有一部分海浪是由一些其他原因造成的，比如：

船舰航行时向两侧分出的船行波

由于大气压力骤然变化引发的风暴潮

海底地形变化导致的大海啸

海水密度分布不均导致的海洋内波

潮 汐

在古代，出于对海洋的敬畏，迷信的人们常常把大海神秘化，认为海水的涨潮与落潮，是海洋在"呼吸"。时过境迁，到了现代社会，大家都已经明白，那只是一种名为"潮汐"的自然现象罢了。

认识潮汐

关于潮汐是怎么产生的这个问题，很久以前就有人在研究了。古希腊哲学家柏拉图认为潮汐是由于地下岩穴震动导致的；中国古代学者张衡以及余道安在总结了潮汐运动的规律后，进一步指出，潮汐和月球有很大关系。但直到17世纪80年代，艾萨克·牛顿爵士提出了万有引力，人们才算真正完美解释了潮汐的来源。

潮汐的形成

潮汐的出现和一种叫"引潮力"的力量息息相关。所谓"引潮力"指的是包括月亮、太阳对地球上海水的引力，以及地球公转而产生的离心力，这两种力量合在一起后，形成的引起潮汐的原动力。一旦太阳、地球和月亮的相对位置发生周期性变化，"引潮力"也会随之出现周期性变动，海洋潮汐的现象就这样形成了。

艾萨克·牛顿

"太阴潮"与"太阳潮"

在中国，由月亮引起的潮汐现象被称为"太阴潮"；而由太阳引发的潮汐现象被称为"太阳潮"。两者都属于天文潮。

太阴潮
太阳潮
地球
月亮
太阳

月球与潮汐

在产生"引潮力"的一系列天体运动中，月球占据了重要地位。太阳虽然质量庞大，但距离地球太过遥远，所产生的"引潮力"远不如月球。

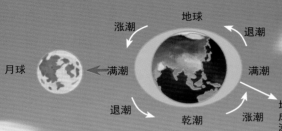

月亮的"引潮力"

潮汐的类型

各种各样因素的影响，使地球上各地潮汐的规律并不统一。为了方便统计，人们一般将潮汐分为半日潮、全日潮和混合潮三类。

半日潮：指在一个太阴日（以月球为参考点的地球自转周期，时长 24 小时 50 分）内，一共发生 2 次高潮和低潮，且邻近的高潮或相邻的低潮高度大致相同。

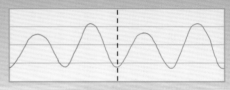

半日潮

全日潮：同样是在一个太阴日内，只发生一次高潮和低潮，两者相隔时间约为 12 小时 25 分，这种一天一周期的潮被称为全日潮。

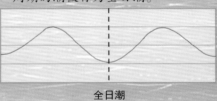

全日潮

混合潮：是半日潮与全日潮间的过渡类型，一般分为混合的不正规半日潮和混合的不正规全日潮。这种潮汐基本没有什么运动规律。

你知道吗？

古希腊伟大的先哲——柏拉图是这样看待潮汐的：我们脚下的地球和人类一样，平时也会呼吸，而潮汐正是地球呼吸的外在表现。

柏拉图

洋流与环流

　　地球上的海洋并不是静态的，它们总是沿着比较固定的路线，每时每刻，奔腾不息地流动。这就是洋流，也叫海流。这些大大小小的洋流遍布全球，有的从某片海域流出后，兜兜转转，又会流回原来的海域，它们被称为大洋环流。

暖流和寒流

　　在我们的印象里，洋流被划分为两类：一类是暖流，另一类是寒流。前者从低纬度流向高纬度，且温度高于其流经海域；后者则从高纬度流向低纬度，且温度要低于其流经的海域。

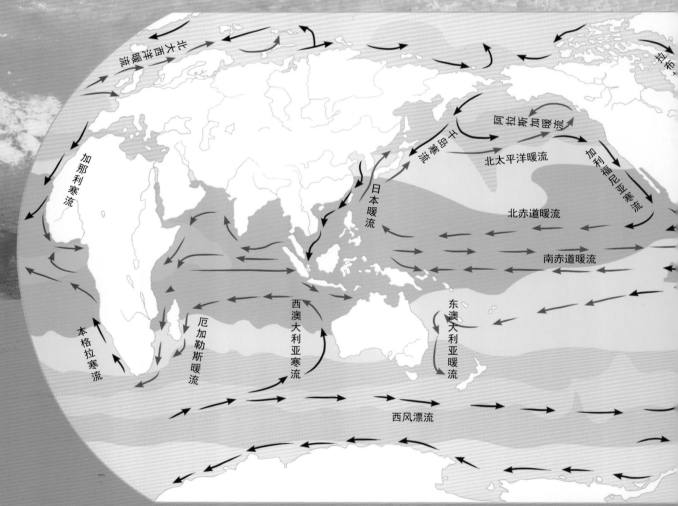

世界洋流分布图

你知道吗？

　　如果你在澳大利亚的海边扔出一只漂流瓶，经过多年后，美国佛罗里达州的某人也许会在沙滩上发现它。而"帮助"漂流瓶完成这次旅行的，正是洋流的力量。

漂流瓶在洋流的助力下的旅行路线

哥伦布与大洋环流

古代航海技术没有现代这么发达，因此航海家们除了使用风帆以及人力之外，更多还是要依靠洋流的力量。当初哥伦布从欧洲两次前往新大陆时，先后走了两条不同的线路。第一条逆着北大西洋暖流和墨西哥湾暖流前进，路上花费了将近40天时间才抵达目的地；而第二条则沿着加那利寒流和北赤道暖流航行，一路顺风顺水，只花了20多天的时间就顺利到达。

墨西哥湾暖流：墨西哥湾暖流又叫湾流，是世界第一大海洋暖流，其中蕴含着巨大的热能，就像一条永不停歇的"暖水管"，温暖了所有经过地区的空气。就是在它的影响下，北冰洋沿岸港口摩尔曼斯克港成了北极圈唯一的不冻港。

秘鲁寒流：大多数寒流海域都是天然的优良渔场，秘鲁寒流自然也不例外。这是因为垂直向上的上升洋流将下层海水中大量营养物质带到海面，吸引了大量海洋生物。号称"世界四大渔场"之一的秘鲁渔场就在这里。

南赤道暖流

→ 暖流
→ 寒流

换个角度看洋流

如果说暖流和寒流是根据纬度高低以及温度来划分的话，那么，接下来要讲的3种洋流，就是根据各自的形成原因来分类的。

密度流：由于各地海域的水温与盐度不同，导致海水密度产生差异，并引起海平面倾斜。而在这个过程中由海水流动形成的洋流被称为密度流，主要分布在热带及亚热带海域。

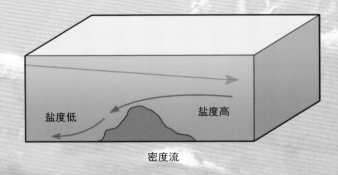

盐度低　盐度高

密度流

风海流：在风力作用下随风漂流，同时上层海水带动下层海水流动，形成的规模较大的洋流。主要分布在常年受到盛行风以及季风影响的海域。

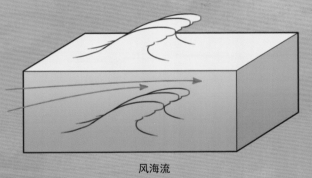

风海流

补偿流：当一处海域的海水流走了，与之相邻的海域就会有海水补充进来，这样引起的海水流动就形成了补偿流。

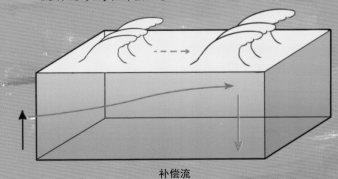

补偿流

风

风是地球上一种十分常见的自然现象。当温暖的阳光照射在地球表面时，地表的温度就会渐渐升高。同时，地表空气也会因为受热膨胀变轻，并慢慢上升。而当热空气上升离开后，冷空气就会"乘虚而入"，导致热空气逐渐变冷下沉。空气如此往复循环的流动，就会产生风。

根据气象学的定义，人们将风分为陆风和海风两种。而在这里我们要着重介绍的是海风，即从海面吹向陆地的风。一般情况下，这些从海洋上空吹来的风基本都吹向同一个方向。其中，我们比较熟悉的盛行风包含西风带、极地东风带以及信风带。

极地东风带：看名字就知道，它们主要分布在地球南北两极地区。在那里，由于大多是冰天雪地的海域，气流在从当地向温暖地区运动，不过方向会向西偏移，因此北极形成东北风，南极形成东南风。

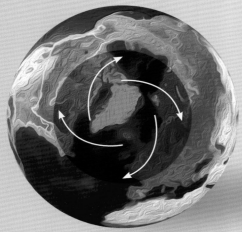

北极的极地东风带

南极的极地东风带

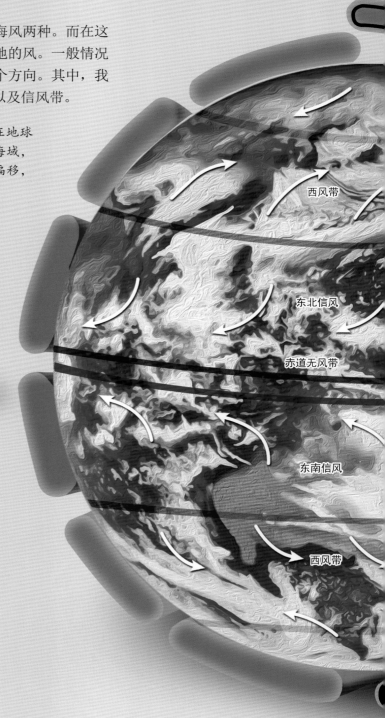

西风带

东北信风

赤道无风带

东南信风

西风带

风带分布示意图

西风带：位于温带地区的海洋上空，
也就是西风带区域，风是自西向东吹的。
另外，因为接近两极的地区没有能阻挡气
流运动的陆地，所以这里的风力格外强
劲，西风带也被称为"咆哮西风带"。

北半球的西风带

南半球的西风带

信风带：信风也叫贸易风，这是因为过去交通不
方便，人们在进行跨洋贸易时，所使用的船只都是帆
船。而这些帆船往往需要信风的帮助才能远航，所以
信风才有了这么一个别名。出现信风的地区位于低纬
热带海域，北半球是东北风、南半球是东南风，这个
风向是在地球自转与偏移的力量作用下才形成的。

信风带

台风

　　台风是一种发生在热带海洋地区的巨大风暴，它拥有强大的力量，可以摧毁一切，经常为沿海地区和国家带来严重损失。根据产生地点的不同，人们对它的称呼也不一样。亚洲东部像中国、日本等国将其称为"台风"，美国一带则称其为"飓风"。

台风是怎样形成的？

　　当热带海洋的海水温度高到一定程度时，受热蒸发到空气中的海水就会形成一个低压中心。然后随着时间的推移，这个低压中心会在地球自转与气压变化的影响下，使周围的空气围绕它逆时针转动，形成不断旋转的热带气旋。这个时候，只要温度条件合适，热带气旋就会不断增强，形成可怕的台风。目前，太平洋和大西洋是台风发生频率最高的海域，平均每年都会生成几十个台风。

气象云图中的台风

台风形成示意图

台风的结构

　　科学家通过研究气象观测资料，根据台风不同部分的气流速度，将其划分为外圈、中圈、内圈3部分。风力最为强劲的外圈部分半径为200～300千米，风速向中心急剧增大；破坏力最强的是中圈，半径不超过100千米；内圈又叫"台风眼"，是三个部分里最安静的区域，半径在5～30千米之间。

外圈　　中圈　　台风眼

台风的三层结构

台风眼为什么平静无风？

　　台风内部的风在沿着逆时针方向转动的同时，使中心空气也随之一起旋转。而在转动过程中产生的离心力与旋转吹入的风相互抵消，因此形成了台风眼内"风平浪静"的情况。

台风的等级

台风产生后，形态有大有小，有强有弱，为了方便起见，人们将台风分为六个等级，分别是：

热带低压：最大风速 6～7 级；
热带风暴：最大风速 8～9 级；
强热带风暴：最大风速 10～11 级；
台风：最大风速 12～13 级；
强台风：最大风速 14～15 级；
超强台风：最大风速 ≥16 级

中国台风预警信号

为了让人们可以很好地抵御台风，降低它造成的损失，中国气象局于 2004 年规定了 4 种台风预警信号。

蓝色：24 小时内可能受到热带低压影响。

黄色：24 小时内可能受到热带风暴影响。

橙色：12 小时内可能受到强热带风暴影响。

红色：6 小时内可能或已经受到台风影响。

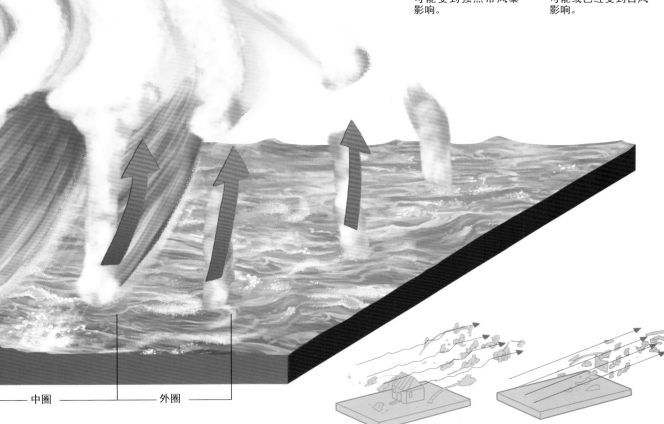

—— 中圈 ——　　—— 外圈 ——

台风过境后的城市

台风也有优点

台风虽然破坏力巨大，但它也有不能否认的功绩。台风可以调节地球温度，避免了"热带更热，寒带更冷"的糟糕局面，同时台风还为陆地带来了大量降雨，缓解了旱情。此外，台风还将海底的营养物质翻动到海水表层，吸引鱼群，为渔民带来便利。

破坏力强大

当台风登陆后，强大的风暴会为人类带来巨大的麻烦与灾害：房屋建筑以及公共设施的毁坏、交通堵塞难以运行、农作物的损毁，等等。除此之外，台风还容易造成山洪、泥石流、滑坡等次生灾害，严重威胁人们生命与财产安全。

海啸

海啸是一种具有强大破坏力的海浪，它在所有海洋灾害中位列榜首。海啸巨大的力量可以轻易摧毁陆地上的堤坝、房屋等建筑，淹没道路、农田，严重威胁人们的生命和财产安全。

海啸的概念

当海底发生地震、火山爆发、滑坡等激烈的地壳变动时，会引起海面大幅度的涨落，这种情况就叫海啸。海啸是一种可怕的海洋灾害，它的传播速度极快，可以在短短几小时内横跨大洋向海岸袭来，达到 800 千米／时。等到了浅水海岸地带，受到地形影响的海啸就会形成高达几十米的巨浪，以横扫六合、席卷八荒的气势摧毁岸上的一切。

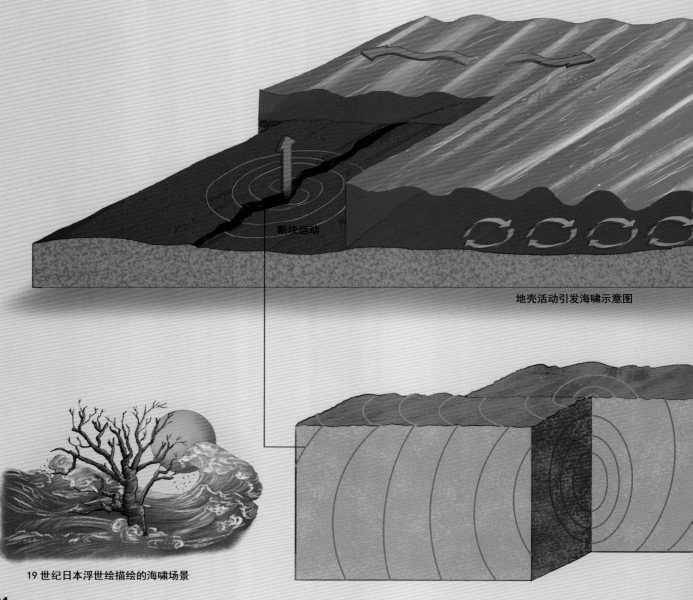

断块运动

地壳活动引发海啸示意图

19 世纪日本浮世绘描绘的海啸场景

海啸有几种？

　　人们根据海啸发生的区域和造成的破坏程度将其分为两类：本地海啸和遥海啸。本地海啸又叫近海海啸，通常来讲，本地海啸的发生源距离受灾区域比较近，一般不超过 100 千米，这也就意味着，以海啸的速度抵达海岸根本花费不了多长时间，这样即使人们收到海啸预警，也没办法快速、有效地采取防范措施，因此本地海啸的危害极大。而遥海啸则不同，它的发生源距离海岸很远，一般是在大洋深处，它为人们留下了充足的时间，做好严密的防范准备。

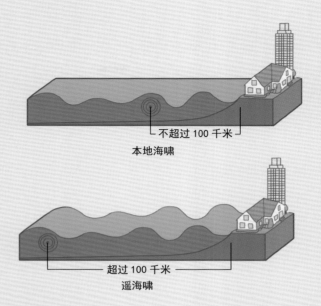

不超过 100 千米
本地海啸

超过 100 千米
遥海啸

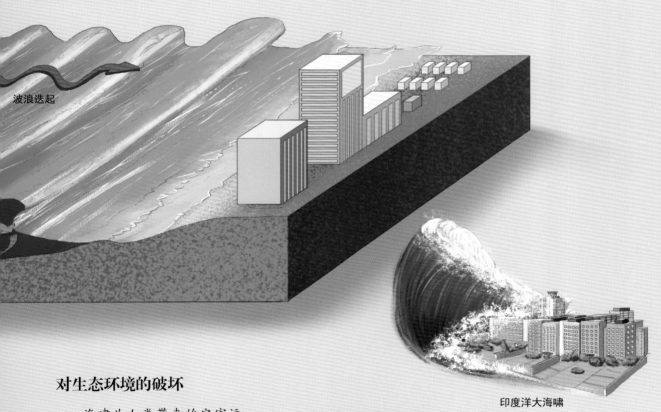

波浪迭起

印度洋大海啸

对生态环境的破坏

　　海啸为人类带来的灾害远不止生命、财产受到威胁那么简单，它还会对生态环境造成破坏。当海啸淹没农田时，盐分极高的海水会腐蚀土壤表层，使其养分流失，不容易恢复。此外，海啸还会破坏珊瑚礁、水草、红树林，令一些海洋生物失去赖以生存的家园，渐渐走向死亡。

印度洋大海啸

　　2004 年 12 月 26 日，印度洋苏门答腊岛发生了里氏 9.0 级（美国地质调查局测量数据）的海底大地震。剧烈的地壳活动使海面掀起了滔天巨浪。巨大的海啸席卷了大半个印度洋地区，沿岸国家损失惨重。大约 30 个小时后，海啸的力量渐渐消散。事后，据人们统计，这次大海啸一共造成近 30 万人死亡、约 8000 人失踪，还有差不多 100 万人成为无家可归的难民。印度洋大海啸是这 200 年来死伤最多的海洋灾害。

厄尔尼诺和拉尼娜

有谁能想到，"圣女"（拉尼娜）与"圣婴"（厄尔尼诺）这两个宗教意味浓厚的名词，在气象学中指的却是两个带来不祥与灾祸的异常天象呢？

向西吹的信风从南美洲启程

"圣女"拉尼娜

在西班牙语里，拉尼娜（La Niña）是圣女的意思。它在气象学中指的是一种反常天象，即赤道太平洋东部与中部海面的温度持续降低的情况。一旦出现"拉尼娜"现象，东太平洋地区的气温就会明显变低，甚至导致全球气候都发生混乱。

"拉尼娜"现象是怎么发生的？

"拉尼娜"现象的出现和信风有很大关联。当太平洋信风持续加强时，太平洋东部海域温暖的表层海水就被信风吹走，而下层冰冷的海水会趁机上浮，填满表层暖水流走的空缺。就这样，太平洋东、中部海面表层的温度持续降低、变冷，"拉尼娜"现象也因此形成。

赤道

暖水

"圣婴"厄尔尼诺

早在很久以前，生活在南美洲的古印第安人发现，在每隔几年的圣诞节前后，都会发生一些怪事：海水温度异常升高、大规模降雨、海鸟成群迁徙……他们将这种反常的怪异天象称为"圣婴现象"。而"厄尔尼诺"一词则是在后来由西班牙语音译过来的。

都是信风惹的祸

"厄尔尼诺"现象指的是热带太平洋区域海水异常变暖的气候现象。它是由赤道附近的东南信风引起的。当赤道附近的东南信风减弱时，原本被风力带动的表层海水流速减慢，而下层冰冷海水上浮的速度也随之变缓，海水的温度因此升高，引发"厄尔尼诺"现象。

赤道

暖水

"圣女"与"圣婴"的规律

　　"拉尼娜"现象和"厄尔尼诺"现象往往会交替出现，两者之间的更替需要4年时间。科学家研究了气候观测资料后得出结论："拉尼娜"现象出现的频率比"厄尔尼诺"现象低，强度也比"厄尔尼诺"现象弱。

"圣女"对气候的影响

　　"拉尼娜"现象是一种异常天象，它通过海洋与大气之间能量的交换暂时改变了大气环流，影响了全球气候的正常运行，为各国带来了麻烦。例如：使印度尼西亚、澳大利亚东部、巴西东北部及非洲南部等地区雨水增多，令太平洋东部和中部地区、阿根廷、美国东南部等地干旱少雨。甚至连中国也会受到它的影响，出现像沙尘、洪水、干旱、气候异常之类的恶劣气象。

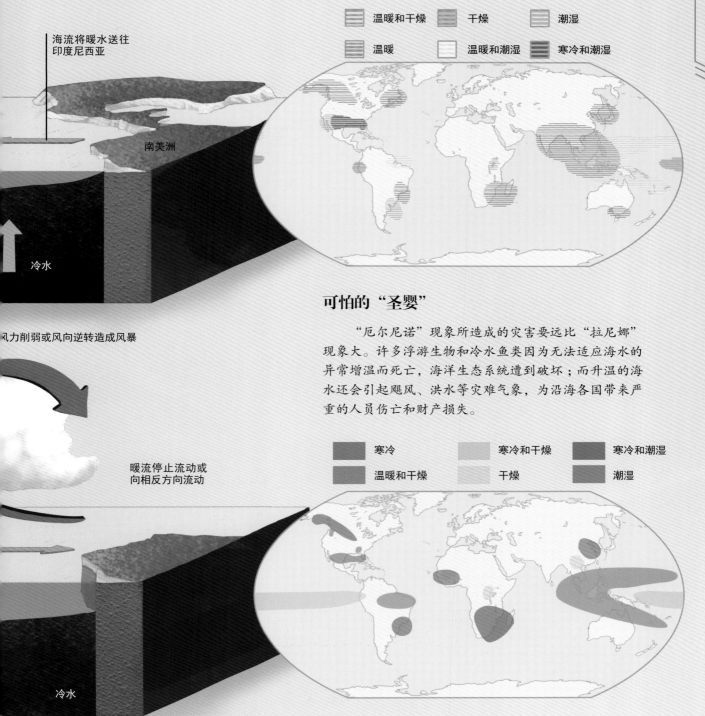

海流将暖水送往印度尼西亚

南美洲

冷水

风力削弱或风向逆转造成风暴

暖流停止流动或向相反方向流动

冷水

温暖和干燥　　干燥　　潮湿

温暖　　温暖和潮湿　　寒冷和潮湿

可怕的"圣婴"

　　"厄尔尼诺"现象所造成的灾害要远比"拉尼娜"现象大。许多浮游生物和冷水鱼类因为无法适应海水的异常增温而死亡，海洋生态系统遭到破坏；而升温的海水还会引起飓风、洪水等灾难气象，为沿海各国带来严重的人员伤亡和财产损失。

寒冷　　寒冷和干燥　　寒冷和潮湿

温暖和干燥　　干燥　　潮湿

第五章
多彩的海洋
动物世界

海洋生命栖息地

作为万千生物的栖息地，海洋不同层面所接收到的光照程度也是不同的。不可否认的是，阳光对海洋生物的影响很大。要知道，大多数海洋物种都喜欢生活在较为温暖的阳光带中，只有少数物种能适应黑漆漆的深海环境并在那里生存下来。不过，值得称赞的是，无论身处哪种环境，海洋"精灵"们总能找到方法完成生活给予的各种挑战。

海洋世界大百科

海洋的分层

因为阳光、温度以及压力会随着海水深度变化而改变，所以人们一般在垂直方向上将海洋分为阳光层、弱光层和无光层。不同光层的海洋"居民"也不同。

阳光层
（海面至海下 200 米）
本层光照条件好，植物大量繁殖，生活着非常多的海洋动物。

弱光层
（海下 200～1000 米）
本层光照较弱，植物不能进行有效的光合作用，无法生存，动物也相对少了许多。

无光层
（海下 1000 米至海底）
无光层几乎没有阳光，一片黑暗，且这里的海水压力极大，只有极少动物能够生存。

海岸生命带

海岸带是海岸线向陆海两侧扩展一定宽度的带状区域，它如同一条灵动的彩带连接着广阔的海洋和大陆。这里地质结构和气候都比较复杂，海洋生物们要具备非凡的生存能力才能适应各种环境变化。

岩石海岸

岩石海岸附近的水流速度很快，经常有威力十足的海浪光顾。为了保命，帽贝、藤壶、海星等小家伙不得不紧紧附着在海底岩石上。

藤 壶

藤壶是一种有着石灰质外壳的节肢动物，因为常与其他贝类一同出现在岩石海岸上，所以它们会被误认为是贝类的一员。然而，其实它们是甲壳纲的动物。

来自"地狱"的美食

外表"丑陋"的鹅颈藤壶是岩石海岸的常住"居民"，它们长得像贝类，也像是爬行动物的爪子，所以有人也把它们称为"鬼爪螺"。

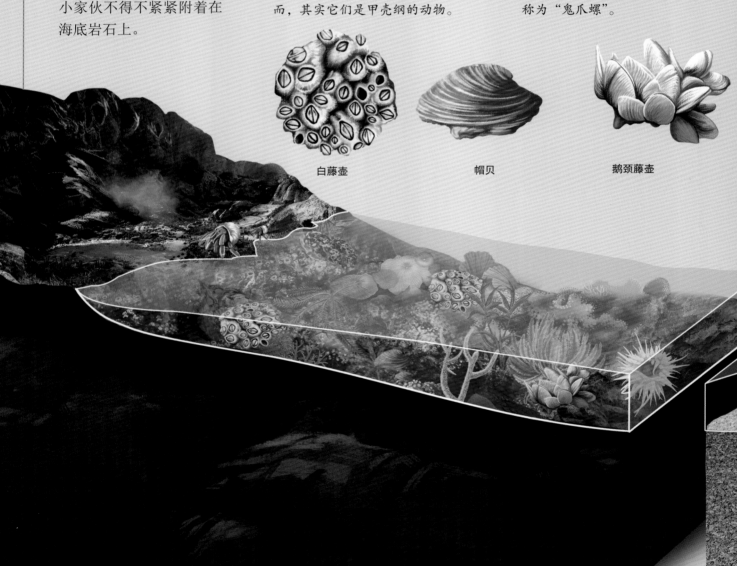

白藤壶　　　　　帽贝　　　　　鹅颈藤壶

沙质海岸

河流或波浪带来的沉积物经过长时间的沉淀作用，会慢慢形成沙质海岸。虽然沙质海岸阳光充足，沙滩松软，但是海浪的侵袭对生活在海岸边的小动物们来说都是致命的。好在这些小家伙们十分聪明，它们总能想到合适的办法躲避危险，保护自己。

抢来的"家"

没有房子的寄居蟹身体十分柔软，特别容易成为捕食者的猎物。为了保护自己，它们长大一些的时候，必须找个房子住进去。这时，软体动物就变成了它们的猎物。它们会将软体动物撕碎吃掉，然后住进软体动物的壳子里。如果没有那么幸运，暂时找不到合适的"家"，它们甚至可以寄居在瓶盖里。

寄居蟹

泥质潮滩

泥质潮滩非常适合开辟盐场，因此生存环境并不比沙质海滩好。可是不管生存环境多么恶劣，我们都能发现一些顽强的小生命的身影。虽然海滩表面危险重重，但是海滩下却是它们的乐土。最有意思的是，潮水不光能带来危险，还能为它们带来小鱼小虾等美味的食物。

滩涂里的美味

这个小东西叫血蛤，当它张开两片壳的时候，我们能清晰地看到它分泌出来的血红色的液体。血蛤喜欢生活在软泥的滩底。它们虽然味道鲜美，但食用没有熟透的血蛤有感染甲肝的风险。1988年上海甲型肝炎大爆发，就与当时人们食用半生血蛤有关。

血蛤

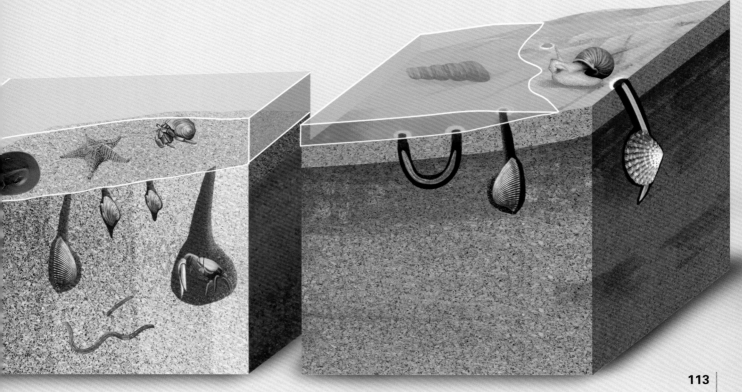

浅海生命带

　　绝大部分的海洋生物都选择生活在浅海中，阳光穿透海水，蔚蓝的海水明亮又温暖，各种水下的植物和浮游生物舒展身体接受阳光的洗礼。光合作用使它们获得养料，生长得更加茁壮。但是由于浅海中的生物众多，小动物们在捕猎食物的同时，可能也会被其他的动物盯上，它们就在这样的环境中练就了一身捕食逃命的本领。

阳光

二氧化碳　　水

氧气

氧气

酶

浅海中的生物们

　　可以说，0～200米的浅海是海洋生物最为繁盛之地。喜光的浮游植物、海藻海草在浅海中尽情飘摇……这些植物为小型浮游动物、儒艮、海洋鱼类等提供了食物。一些大型的海洋动物是活跃的捕食者，它们以海洋鱼类和其他动物为食；"海洋猎手"们口下的食物残渣就便宜了海底的鱼类、蟹类、海洋蠕虫……

海水中的光合作用

　　海水中的植物与一些浮游生物和陆地上的植物一样，也需要进行光合作用来维持自己的生存。它们利用太阳的光能，将吸收的水和二氧化碳加工成有机物，并向外释放氧气。这些有机物是非常好的养料，当然靠光合作用生存的植物和浮游生物对其他的海洋生物来说也是非常好的养料。

深海生命带

　　与浅海相比，深海的生存环境就比较恶劣了，但是依然有动物喜欢生活在这里。由于海底水压巨大，光照条件又不足，因此这个海域的很多生物都长成了奇怪的样子，体表颜色也长成了黑色或者红色。接近弱光层的动物为了尽量接收光亮，眼睛长成了大大的样子；有一些鱼类为了生存和捕猎，身上生长出了发光器，在黑暗的深海中发出点点微弱的光芒；还有很多生活在无光层的鱼类，漆黑的环境让它们的眼睛功能退化，身上长出很多触须，来保证它们正常捕食生存。

海水的压力有多大？

　　越到海底深处，海水的压力就越大。那么深海的压力到底有多大呢？科学家研究表明，以1平方厘米为单位来计算，海洋水深每增加10米，压力就增加一个大气压。也就是说在4000米的深海，一个指甲盖大小的地方就要承受400个大气压，即400千克的压力。可想而知，深海的压力有多么可怕。

深度（米）	压力（千克／平方厘米）
200	20
1000	100
2000	200
4000	400

深海龙鱼

"大头"鱼

　　深海龙鱼有一个大大的头和一张长满尖牙的嘴。它虽然体形不大，却是十分凶猛的动物。它的下颌长着一条像钓饵一样的发光器，一闪一闪地前后摆动着，猎物们看到光亮不由自主地想要靠近。这时，深海龙鱼就会出其不意地张开它的大嘴，一口咬住猎物。

不吃东西也能活很久

　　世界上已知的不吃东西能活最久的动物是大王具足虫。别看它长了一副虫子的外形，它的体形可比普通的虫子大了不知道有多少倍。大王具足虫是腐食动物，专门吃海中已经死去的海洋生物的尸体，有时也会捕食一些行动缓慢的动物。虽然深海食物匮乏，但是大王具足虫一点也不怕，它可以忍饥挨饿，直到遇到食物，一次性吃个饱。

大王具足虫

海洋生物链

人们常说"大鱼吃小鱼，小鱼吃虾米，虾米吃泥巴"，这是对海洋中食物链最简练的解释。简单来说，浮游植物是整个海洋食物链的基础，由浮游植物开始，生成浮游植物—浮游动物—小型鱼类—大型鱼类—更大的鱼类和凶猛动物这样一个关系链条。然而，海洋中生物之间的关系十分复杂，所以海洋中的食物链远没有这么简单。通常肉食性的鱼类多处在食物链的顶端。

营养级

根据所生活水域的不同，海洋生物之间形成了不同的食物链，这些食物链上的每个不同的环节就是营养级。我们不难发现捕食者的数量往往少于被捕食者的数量。营养级每上升一级，生物的数量就会减少，最终形成了一个食物链"金字塔"。

海洋中的大多数生物都会主动捕食下一层营养级的生物来维持自己的生存。但是海洋中的生物散布在各个水域中，它们因此形成了不同的食物链条。除此之外，海洋生物们的食物残渣、粪便、分解的尸体等碎屑被海洋中的各种生物利用，形成了一种特殊的食物链——碎屑食物链。

食物链与生态平衡

大自然就是这样神奇，任何现象的出现都不是毫无意义的，食物链也一样。海洋中的食物链不止一条，生物们之间的关系错综复杂，食物链产生交叉，形成了海洋中的食物网。食物网中的任何一个环节都至关重要，缺一不可，它们让海洋生态始终维持在平衡的状态。

研究海洋食物链的意义

你一定会有些疑问，人们为什么要研究海洋中的食物链呢？研究表明，动物的食物链越长，对有机物的利用率就越低。这为人工养殖提供了重要的参考依据——在养殖海洋动物时，选择食物链较短的物种，能够最大限度地降低成本。另外，充分了解海洋食物链关系，可以让人们在对海洋资源开发利用时尽量做到合理适度，不破坏海洋环境和生态平衡。

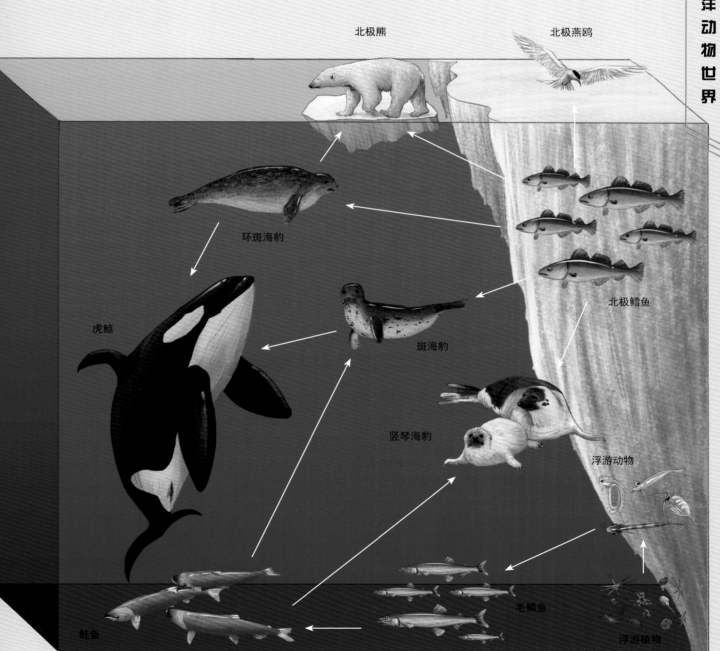

北极熊

北极燕鸥

环斑海豹

虎鲸

斑海豹

北极鳕鱼

竖琴海豹

浮游动物

鲑鱼

毛鳞鱼

浮游植物

迁徙

凤头黄眉企鹅

很多陆地上的动物都会因为季节或者其他因素进行大规模的迁徙。科学家们研究发现，海洋里有许多生物为了生存繁衍也会定期进行距离或长或短的迁徙，但是它们的迁徙大多悄悄在海面下进行。另外，还有一些海洋生物每天都在深海、浅海之间来回巡游，进行捕猎或者躲避天敌的追杀。可以这样说，迁徙是许多海洋生物必备的生存策略。

寻找"寒冷"

北极鳕鱼是典型的冷水鱼类。夏季，它们主要生活在巴伦支海结冰区的边缘。等到了9月份，它们会向西、南方迁徙，并在寒冷的冬季产下鱼卵。

"执着"的凤头黄眉企鹅

凤头黄眉企鹅长得十分可爱，但脾气却并不可爱，它们脾气暴躁，非常具有攻击性。企鹅们经常一起行动，同进同退，凤头黄眉企鹅也不例外。它们通常会在海上漂泊几个月后，集体爬到岛上繁殖后代。凤头黄眉企鹅非常执着，它们大多会回到上一次繁殖的地方，找到上一次的巢穴。

北极鳕鱼

■ 座头鲸　■ 南露脊鲸　□ 短尾剪水鹱　□ 北极燕鸥

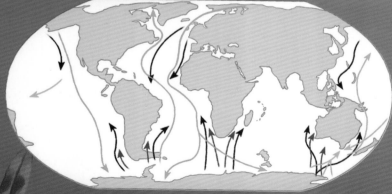

四种海洋生物的迁徙路线

迁徙路线

鸟类的迁徙几乎不受地域限制，但是奇怪的是，对于海洋生物们来说，似乎有什么限制了它们的迁徙活动，无论距离长短，海洋生物们大多只在自己生活的半球内迁徙。

垂直活动

　　海洋中最频繁的迁徙活动应该就是海洋生物的垂直活动了，这种迁徙每天都在海洋里发生着，昼夜轮回，永不停歇。当白天到来的时候，一些海洋生物会悄悄下潜，以躲避它们天敌的追杀。等到夜幕降临的时候，它们又上浮寻找食物，但是很多时候它们都无法发现尾随其后的饥饿的天敌们。

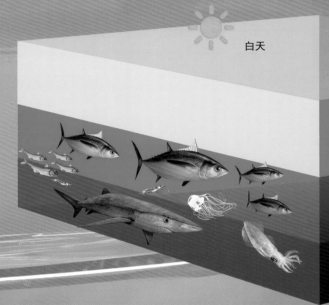

白天　　黑夜

精确的路线定位

　　座头鲸是洄游路线十分长的海洋动物之一，它们每年夏天会到极地捕食生活，到冬天的时候就游到热带海洋繁殖。令人惊讶的是，它们在迁徙的过程中居然从不会迷路，而且迁徙的路线几乎是直线，人类至今无法破解座头鲸精确导航的秘密。

座头鲸

群居

海洋世界大百科

海洋中生物的种类很多，它们有着不同的生活习性。有些生物喜欢独来独往，有些生物却喜欢热热闹闹地生活在一起，一起捕猎，一起进食，一起迁徙。尤其是在抵御外敌攻击的时候，群居生物显然要比独居生物更加有优势。

抱团取暖

有一些生活在极地的动物，因为极地极端的环境，它们不得不选择集体生活在一起。这样，在遇到恶劣天气或其他不利的情况时，能抱团取暖或共商对策。

帝企鹅饮食起居都喜欢和小伙伴们待在一起。当可怕的暴风雪来临时，帝企鹅会紧紧地相互依偎，每隔一段时间还会和同伴交换位置，让外层的伙伴也有取暖的机会。此外，年幼的帝企鹅们往往会被长辈们围在中间。

沙丁鱼群居在一起，一起行动，组成一堵"鱼墙"。旗鱼们虽然紧追不放，但是面对密密麻麻的"沙丁鱼墙"，它们似乎无从下口，只能一路跟随，寻找时机进行捕猎。

共同抵御外敌

我们常说"人多势众"，对于动物们来说也是一样的。集体的力量是强大、具有威慑力的，群居能让它们最大限度地避免受伤或者死亡，这在一定程度上提高了集体成员的生存率。

别看海象们拥有威武有力的身躯，但它们却更喜欢成群结队共同生活。然而群居在一起固然能吓退一些伺机而动的动物敌人，但在面对觊觎它们的人类捕猎者时，海象们常常会因为奋不顾身地保护同伴而被成群地捕杀。

短暂相聚

有一些海洋生物的习性非常特别，它们偶尔也会三三两两地聚在一起玩耍，却不喜欢集群生活。但是这种习惯会在特定的时期发生变化，它们会聚在一起，选择配偶繁殖后代，然后化身为负责任的父母，妥帖地照顾幼崽。

海豹们平时不会一起生活，甚至包括繁殖期都是不集群的。只有当小海豹出生后，海豹们才会组成家庭群一起生活，共同照顾幼崽，哺乳期结束后，它们的家庭群就宣布解散了。

捕食

食物是地球上的生物们生存的首要追求。广袤的海洋中竞争激烈，海洋生物们必须要想出各种各样的办法来捕猎食物，满足自身的营养需求。对于深海的生物来说，这样的任务就更加艰巨了。

海洋世界大百科

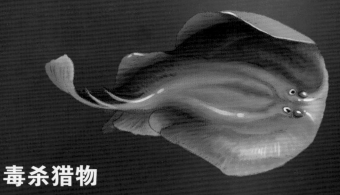

毒杀猎物

对于许多小巧的动物来说，想要在危险重重的海洋中生存下去，只能借助一些"小技巧"。它们让自己的体内充满毒素，捕猎的时候可以把猎物弄晕，轻松美餐一顿。另外毒素还可以保护它们，让觊觎它们的捕食者望而却步。

海葵是一种很美丽的海洋动物，它们挥舞着柔软的色彩艳丽的触手，吸引着小鱼小虾靠近，然后趁其不备，用触手抓住它们并释放毒素，最后再将蜇死的猎物送入口中。

用电捕食

有一些动物的身体构造非常特别，为了生存它们另辟蹊径，在进化中长出了令其他动物闻风丧胆的发电器官。它们的发电器官可以释放低压或者高压电流，足以将猎物电晕，如果有捕猎者攻击，它们也可以借助放电让自己躲过一劫。

电鳐被称为活着的"发电机"，它的尾部长有许多小的"发电器"，电流从尾部流向头部的感受器，在它的身体周围形成了一个弱电场。电鳐能通过电流的波动感知周围的环境变化，当有猎物出现时，它就迅速抓住，然后放电击晕，将猎物拆吃入腹。

未排出的含有毒素的刺

排出的含有毒素的刺

集群捕食

　　集群生活的海洋动物们，对比自己小的猎物一般都可以实施独立抓捕。但要满足集体的进食需求，就需要捕猎体形较大的猎物，这时团体协作就显得非常重要了。集体捕食不但能提高捕猎的成功率，还能减少成员的伤亡。

　　海豚是聪明的高度社会化的动物，它们有时会合力攻击一条鲨鱼，它们用力撞击鲨鱼的各个部位，直到鲨鱼无力抵抗最终死去。

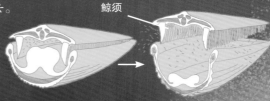

鲸须

通过鲸须过滤海水和食物

滤食性动物

　　滤食性动物把鳃或者牙齿等器官当作滤网，将自己的食物从海水中筛选出来。这个过程中，大多数的动物猎取的都是活的生物。但是也有少部分生物例外，它们从海水中过滤上层水域沉积下来或者从其他地方漂来的动物尸体碎屑。

　　长须鲸张开自己的大嘴，一路保持这个姿势高速前进，大量的海水裹着小鱼小虾一股脑被它吞进口中。吞完海水后，长须鲸会把嘴闭上，靠自己的鲸须过滤海水，小鱼小虾就留在它的肚子里了。

防御

生活在海洋中的生物，必须掌握一定的生存技巧才能让自己在敌人虎视眈眈的关注下存活下来。逃跑并不能从根本上解决问题，有时它们必须要凭借自己特殊的身体构造和本领来吓退或避开侵犯者。它们的防御机制千奇百怪，但是它们有着共同的目标，那就是让自己活得久一些，再久一些。

坚硬的盔甲

对于人类来说，房屋能带来抵御侵犯者的安全感。这样的策略对于动物们来说也同样适用。一些身体柔软的动物长出了质地坚硬的"盔甲"，侵犯者有时会对它们的外壳无计可施，从而饶它们一命。

海龟体形巨大，柔软的躯体被厚厚的龟甲包裹着，捕食者即便想要吃掉它，也会因为它坚硬的外壳而选择放弃。但是也有一些动物十分聪明，重点攻击它裸露在外面的头和四肢——不能缩回壳里是海龟致命的弱点。

迷惑敌人

海洋中的许多动物都有一种奇特的本领，它们或者拥有"障眼"的武器，或者拥有"丢车保帅"的本领，这些能力让它们在遇到强劲的敌人时，可以迷惑敌人，为自己争取更多的逃命时间。

海参的逃生本领很奇特，当受到大型鱼类的攻击时，海参们会毫不犹豫地把自己的内脏从肛门喷射出去，来迷惑敌人。失去内脏的海参并不会死掉，在经过一段时间的休养后，它们就会长出新的内脏，恢复活力。

海龟

海参

有效的恐吓

　　一些小型的海洋动物拥有非常特别的身体构造，它们充分了解自己，并利用自己的身体做出防御反应。这些反应让它们看上去非常具有威慑力，有的侵犯者会就此打了退堂鼓，也有一些侵犯者因为不顾一切攻击它们，最终身负重伤吃了苦头。

刺鲀

　　刺鲀一旦发现危险，就马上像吹气球一样膨胀，贴在它身体表面的尖刺也一根根竖起来。大多数的捕食者会因为无从下口而选择放弃，但有的捕食者偏要强行吞下它，最终不但被它的尖刺划破消化道，还要忍受它们体内毒素带来的痛苦。

　　乌贼既没有强壮的身体，也没有坚硬的甲壳，这让它在海洋中处于劣势地位。为了保命，它在遇到强敌袭击的时候，会释放自己储存在墨囊的墨水，将周围的海水染黑。敌人短时间内看不清它的位置，它也就能趁机逃跑了。

乌贼

伪装

　　很多海洋生物为了更好地生存繁衍，在生命进化中对自己的身体结构进行了大规模改造。它们虽然身处海洋，然而凭借着一身炉火纯青的伪装本领，让敌人即便擦肩而过也几乎无法发现它们。伪装不但能让它们逃离强敌的捕食，还能让它们在外表的掩护下猝不及防地扑向猎物，饱饱地美餐一顿。

保护色

　　想要确保自身的安全，让自己与周围的环境融为一体无疑是较好的方法之一。动物世界中有许多本领高强的小家伙，它们能迅速改变身体的颜色，将自己隐藏起来。这不但让它们躲开了虎视眈眈的敌人，同时也在生存竞争中保全了自己。

　　大白鲨是海洋中非常凶猛的掠食者之一，它们的身体背面颜色比较暗，腹面颜色却很浅。当它在猎物上方时，浅色的腹面与上方光亮的海水十分接近；而当它在猎物下方追击的时候，暗色的背面又与海洋融为一体。

大白鲨

色素细胞

　　乌贼的身体内储藏了数以百万计的色素细胞，遇到危险的时候，它会在几秒之内把自己的色素囊调整到合适的大小，让身体变成与环境相似的颜色。

拟 态

有一些动物的本领更加高强，为了更好地融入周围的环境，让自己隐蔽得更加彻底，它们直接将身体长成与周围的物体或生物接近的样子。这大大增加了它们的安全系数。

叶海龙

乍一看去，叶海龙就像一棵行动的海藻漂浮在水中，但它却是一条货真价实的鱼。那些扁片的半透明的海藻叶片是它的附肢，这是它伪装的利器。

警戒色

很多海洋动物都拥有鲜艳的色彩，难道它们不怕被捕猎者发现吗？其实这也是它们的一种本领，它们通过鲜艳的颜色警告敌人们——不要碰我，我有毒。生物界中鲜艳的颜色大多都是对其他动物的警示。

石头鱼淡定地蛰居在水底或者岩石旁，人们几乎发现不了它们，因为它们长得实在是太像一块石头了。

石头鱼

狮子鱼并不怕被发现，它不但拥有美丽的造型和鲜艳的颜色，还拥有带毒的毒刺。大多数动物都能明白它的警戒意味——即便吞下它，最终的结果也是自己中毒受伤，这是一件得不偿失的事情。

外皮鞘

毒液腺

狮子鱼

浅的通道

狮子鱼

127

鲸

　　鲸类动物在海洋中有非常重要的地位，长久以来，人们习惯称它们为"鲸鱼"，然而鲸鱼真的是鱼吗？答案是否定的。事实上，与水中生活的鱼类相比，鲸类动物与人类有更多的共同点：鲸的皮肤光滑，没有鱼鳞，有少许的毛发；鲸需要呼吸新鲜空气才能活下去；最重要的一点是，鲸和人类一样，由鲸妈妈产下幼崽，用母乳哺育，并且鲸妈妈会陪伴照顾鲸鱼宝宝。鲸类动物的种种行为都说明，它们是货真价实的哺乳动物。

半睡半醒

　　鲸也是需要睡觉的，但是如果它像我们人类一样睡觉，就会因为不能及时换气而淹死。所幸在这一点上，鲸鱼们达成了共识，即便在睡眠中，它们彼此之间也会互相关注，确保大家都没有溺水。另外，最神奇的是，鲸鱼们可以让自己的一半大脑处于深睡眠状态，而另一半大脑时刻保持清醒，两边大脑交替睡眠。

最大的动物

非洲象是不是很大？然而跟蓝鲸比起来，它简直就像一个小矮人。蓝鲸是已知的世界上最大的动物，一头成年蓝鲸的体重几乎是一头非洲象的30倍左右。

回声定位

鲸类有一套自己的感知系统，它们会发出一些特殊频率的声音，当声音遇到障碍物时会返回信号，鲸鱼凭借返回的信号能判断出障碍物是食物还是危险。另外，有一些鲸鱼还可以凭借自己发出的声音将猎物震晕，不费吹灰之力就能饱餐一顿。

人类受到了很大的启发，将回声定位原理应用在生活中的各个领域。医学上的超声检查就是其中一种，很多病人因此被确定了病情，进而被对症治疗，恢复了健康。

"我"需要呼吸

鲸不同于鱼类，如果长时间待在水里不露出水面呼吸新鲜空气，它就会窒息而死。然而鲸的呼吸与人类的呼吸是有差别的，人类的呼吸是不由自主的，鲸却可以有意识地控制自己的呼吸。鲸鱼呼吸的时候会先呼气再吸气，它呼出的气体混合着水、黏液和一部分空气。因此当我们看到鲸鱼背部喷出漂亮的"小喷泉"时不要惊讶，那是它在呼气，以准备吸入新鲜的空气。

海豚

　　提起海豚，我们脑海里马上会出现它们憨态可掬的样子。但是你一定想象不到，海豚其实是鲸类动物中的一种，是生活在海洋中的人类的亲密伙伴。海豚是非常社会化的动物，它们有一定的自主意识，喜欢群居在一起，共同协作、共同生活。虽然它们看起来非常可爱，但是对于海洋生物来说，它们具有高度的攻击性。令人意外的是，对于人类，它们却表现得非常友好。

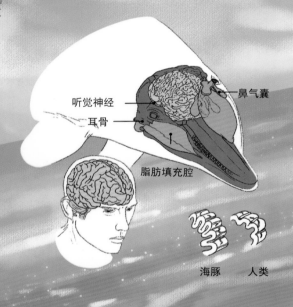

听觉神经

耳骨

鼻气囊

脂肪填充腔

海豚　　人类

发达的大脑

　　海豚是非常聪明的动物，它们能完成非常复杂的动作，甚至能在镜子或者影像中分辨出自己的样子。海豚的大脑与人类有相似之处，它的大脑非常复杂，也十分发达，甚至单论重量，它的脑重量要高于人类的脑重量。

是"微笑"吗？

　　无论遇到什么样的事情，海豚看起来都是微笑着的，那么它们是真的在微笑吗？科学研究表明，海豚的生理构造使它们经常处在微笑中，虽然看起来在笑，但是实际上它们有可能在生气，也有可能在愤怒，还有可能在倾听其他同类发出的声音。它们伸出去的下颚骨可以充当听觉器官，所以海豚的听力非常灵敏，它们甚至可以听到1.6千米以外的声音。

另类的泳姿

生活在海洋中的动物，最基本的生存技能就是游泳。对于活泼好动的海豚来说，按部就班的泳姿实在是太没有挑战了，它们发明了一种独一无二的游泳方式：它们整个身体会以一个非常小的角度跃出海面，然后再以非常小的角度钻入水中。

海上救生员

我们不能确定人类为什么能与海豚成为亲密无间的好伙伴，但是可以肯定的是，这与海豚屡次解救人类于危难之中有很大的关系。至于海豚"见义勇为"的原因，科学家们一直在不断研究，但至今也无法确定。

海豚救人

海豚

鼠海豚

海豚与鼠海豚

看到鼠海豚的名字，人们大多理所当然地认为它是海豚的一种。然而事实上，虽然海豚和鼠海豚同属于齿鲸，但鼠海豚并不是海豚。它们与海豚在外形与生活习性上都有不同之处。

海牛

海牛目的动物是海洋里唯一食草的哺乳动物，别看它们体形巨大，外表丑陋，它们的性格可是很好的呢。作为哺乳动物，尤其是海洋中的哺乳动物，保持体温是生存的要素。海牛为了让自己不被冻死，通常只生活在温带海域，为了以防万一，它坚硬的皮肤下还生有一层脂肪，以保障它们在水下正常生活。

海牛有趣的进食方式

水下除草机

海牛体形巨大，这让它不得不进食更多的水草来维持自己的体力。海牛进食的方式十分有趣，它不会像其他的哺乳动物一样用牙齿咬断食物，而是用它肥厚的嘴唇风卷残云地将水草成片卷进嘴中。

小美人鱼的传说

《海的女儿》是许多小朋友喜欢的童话故事，里面的小美人鱼深受大家喜爱。然而你也许不知道，美人鱼的原型就是看起来笨笨的海牛。海牛们喜欢半躺在海面上，怀抱幼崽哺乳，有时头上还会顶着一些海草，远远看去倒是真有些美人鱼的意思呢。

浮沉小窍门

海牛看起来很笨重，行动迟缓，那么它在水中浮沉是不是很吃力呢？当然不是，海牛身形巨大、骨骼沉重，沉入水中对它来说不过是小菜一碟。对于浮出水面，海牛有它自己的小诀窍，它吃下的食物在它的体内产生了很多气体，借助体内的气体，它就能很轻松地浮上来了。

位于丹麦哥本哈根市的长堤公园的小美人鱼铜像，就是丹麦雕刻家爱德华·艾瑞克森根据童话故事《海的女儿》铸塑的。

小美人鱼铜像

海牛身体剖面图

肺
心脏
肝脏
胃
小肠

儒艮和海牛的区别

儒艮作为海牛目的一员，在外形和习性上似乎与海牛没有什么区别，但是如果仔细观察，我们会发现，它们的尾巴是完全不一样的。儒艮的尾巴呈新月形，与鲸的尾巴十分相似，它拍打着尾巴让自己前进，并且靠尾巴掌握方向；海牛的尾巴则呈扇形，与河狸的尾巴有点相似。可以说，尾巴是区分儒艮和海牛的主要特征。

海牛

儒艮

永远生活在水中

海牛是完全水生的动物，虽然它隔一段时间就需要浮出水面呼吸，但是它并不能因此就到岸上生活。它们一旦离开海水，就会不停地"流泪哭泣"，事实上它们眼睛流出的"泪水"是一种用来保护眼睛的含盐的液体。

流泪的海牛

海象

海象长得很像陆地上的大象，它也有壮硕的身体和长长的牙齿，但是事实上海象与大象却没有什么亲缘关系。因为要适应水中觅食的生活，海象的四肢已经退化成了鳍状，这让它们能在水中来去自如。海象常年生活在北极或近北极的水域，那里非常寒冷，但是对于海象来说却是一片不可多得的乐土。它们过着群居的生活，时而下海游泳觅食，时而上岸依偎休息。

海象的象牙

一生都在生长的长牙

海象最突出的特点就是它那两根长长的牙齿了，这两根牙齿实际上是海象的上犬齿。海象的牙十分神奇，它们的生长贯穿了海象的一生。别看这两根长牙丑陋，对海象来说可是十分有用的。它们在陆地冰层上行走要靠长牙钉在冰层上，配合后鳍的运动才能完成。另外，牙齿还是海象主要的御敌武器，不论是抵御天敌，还是争夺领地，都离不开它们。

领地很重要

对于雌海象来说，生存要相对容易一些，雄海象对它们总是很包容。而对于雄海象来说，日子就艰难得多了。它们要争夺领地，争夺配偶，这样才能生存和繁衍后代。每一头雄海象都会拥有很多个配偶，它们想尽办法占据舒适的地方生活，然而因为族群庞大，雄海象之间的地盘之争时有发生，它们的身体经常伤痕累累。有时领地空间实在太小，几只海象甚至会摞在一起睡觉，虽拥挤但怡然自得。

伟大的母爱

海象妈妈基本每三年才会生一个宝宝，从海象宝宝出生到能独立生活之前，海象妈妈都会无微不至地陪伴和照顾它。当海象宝宝遇到危险的时候，海象妈妈会不顾一切地赶去救援。这样的生活一直持续到海象宝宝离开海象妈妈自己生活，然后海象妈妈会开始下一次繁殖，周而复始地重复这样的生活。

海象的皮肤会变色

海象的皮肤颜色在水中与在陆地上有明显的差别。当海象下水捕食嬉戏的时候，它会收缩血管，限制血液流动，以减少能量消耗，这时它皮肤的颜色就会变成灰白色。而当海象上岸休息晒太阳时，血管又开始膨胀，皮肤就变成了棕红色。

你们睡，我放哨

海象的视力很差，但是它的嗅觉和听觉非常灵敏，群体中每一个成员都是合格的哨兵。每一次集体睡觉时，都会有一头海象醒着放哨，当有危险出现的时候，放哨的海象会发出类似公牛的吼声，或用自己的象牙依次将同伴碰醒，然后逃跑。

海豹

与海象和海牛等海洋动物比起来，海豹的长相就讨喜多了。虽然它们同样没有外耳郭，身体也肥硕笨重，但是它们圆圆的脑袋、大大的眼睛和短短的毛发看起来却无比的可爱。与海象等海兽不同的是，海豹除了换毛、休息或者产仔要到浮冰或岸上之外，更喜欢在水里生活。它们的皮下脂肪比较厚，足够抵御寒冷，但海豹的分布海域非常广泛，温、热带也有它们活动的身影。

海豹宝宝的保护色

我们常常能看到白色的海豹形象，这些长着白色绒毛的海豹就是海豹宝宝。大多数新生海豹的胎毛都是白色的。这些胎毛让海豹宝宝与冰雪融为一体，保护它免受敌人伤害。一般几周后，这些胎毛就会脱落，小海豹的长相渐渐更贴近自己的爸爸妈妈的样子。

收放自如的耳朵

从外表来看，海豹似乎并没有耳朵。事实上它的耳朵只是不明显而已，海豹没有外耳郭，它的头部两侧只剩下耳道。但是这并不影响它在水中的活动，它耳道外面的肌肉可以收放自如，当它入水的时候，耳道就会关闭，防止水流进耳朵。

濒临灭绝的僧海豹

僧海豹一生都在热带海域生活，这在海豹中十分罕见。但是随着人类的捕杀，它们已经所剩无几，加勒比僧海豹已经全部灭绝，地中海僧海豹和夏威夷僧海豹的存活数量极少，也濒临灭绝。僧海豹对人类非常友好，如果有幸相遇，僧海豹会毫无畏惧地打量遇到的人，然后再慢悠悠地离开。

象海豹

象海豹看起来就像没有象牙的海象，但是它的鼻子有一个神奇的功能，当它情绪亢奋时，鼻子会膨胀起来，并发出巨大的吼声。一般来说，雄性象海豹看起来更强壮些，它们要比雌性象海豹大很多。

一夫多妻

海豹之间盛行一夫多妻制，强壮的雄海豹从来不会担心自己妻子的数量，它们总能获得雌海豹的青睐。发情期的雌海豹是海豹中的"万人迷"，很多只雄海豹会跟在它身后，任它挑选。虽然是这样，雄海豹之间也避免不了发生争斗，向雌海豹展现自己的力量。雌海豹大多会选择胜利的雄海豹，失败者只好垂头丧气地离开，继续去别处寻找伴侣。

带纹海豹

无论是雌性还是雄性，带纹海豹最突出的特点都是围绕在它颈部、前鳍足和尾部的四条白色环纹。带纹海豹的作息时间非常规律，它白天在海里嬉闹觅食，到了晚上就爬上浮冰休息。

海狮

海狮憨态可掬，十分可爱。它们一般体形比较小，但北海狮除外，北海狮是海狮中体形最大的。一些雄性海狮颈肩部位长着鬃毛，叫声与狮吼非常相似，它们因此而得名。海狮性情温和，但是在争夺配偶和领地时，它们可丝毫不会对对手客气。由于海狮非常聪明，容易驯化，人类还会利用海狮来完成很多人类无法完成的工作。

海狮帮助人类救援

人类的好帮手

人类对海洋的敬畏由来已久，过去对于掉入海中的东西，人类大多都是束手无策的。对人类来说，潜入水下越深，水压就会越大，到达一定深度，人类的身体就无法承受了。但是，人们渐渐发现，海狮的潜水本领十分高强，经过训练，它们可以潜入 180 米深的海水里，帮助人类进行打捞、侦查和救援等工作。

海狮与海豹的区别

乍一看，海狮与海豹简直像双胞胎，我们很容易就将它们混淆。但是如果仔细观察，就会发现它们之间的不同之处。

海狮有外耳，海豹没有

耳朵是区分海狮和海豹最显著的特征。海狮的耳朵虽然很小，但是明显有外耳郭；而海豹的外耳郭已经退化，只剩下两个小孔。

海狮脖子长

海豹脖子短

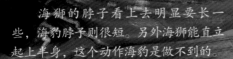

海狮的脖子看上去明显要长一些，海豹脖子则很短。另外海狮能直立起上半身，这个动作海豹是做不到的。

海狮的爪子　海豹的爪子

从爪子也能分辨出海狮和海豹的不同：海狮的爪子更接近鱼鳍的样子，海豹的爪子与猫科动物的爪子有些相似。

令人担忧的生存前景

海狮的皮毛看起来非常华丽，它们因此成为人类的捕猎对象。同时，人类对自然环境的破坏使海狮的生存栖息环境持续恶化，加上虎视眈眈的虎鲸等天敌的捕食，导致其数量不断减少，如今已经到了濒危的地步。其中日本海狮已经灭绝，海狮的未来令人担忧。

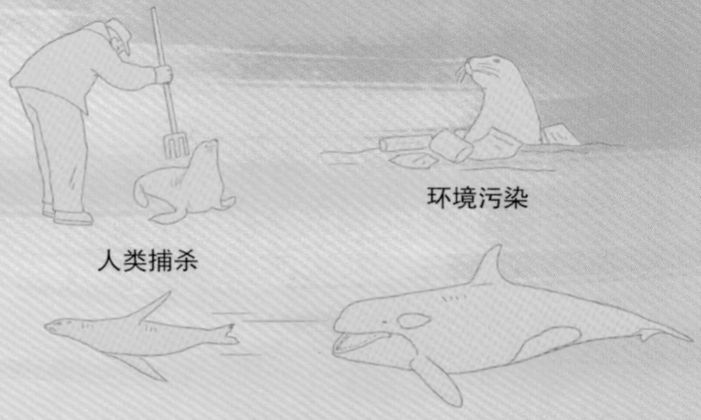

环境污染

人类捕杀

虎鲸捕食海狮

特别的消化方式

作为海洋中的肉食动物，海狮平时靠捕猎鱼类、海蜇和蚌类为食，实在缺少食物的时候，海狮还会捕猎企鹅。但是海狮的吃相可不太优雅，它不用牙齿将食物嚼碎，而是将食物整个吞下。这样的进食方式很容易让它们消化不良，没关系，海狮有办法——吃一些小石子帮助研磨和消化吞下去的食物。作为哺乳动物，这种消化方式在陆地动物中并不常见。

海狮捕鱼

海狗

海狗与狗有关系吗？答案当然是否定的。因为海狗的外形与陆地上的狗有些相似，又是海洋中的动物，所以才以此来命名。事实上，海狗是海狮科的动物，但是它们与海狮还有所不同。单从体形来看，成年的海狗要比成年的海狮小得多。体形小对于海狗来说未必不是好事。它们身体灵活，行动迅速，个个都是捕猎能手。

分辨宝宝

海狗喜欢集体生活，尤其是在幼崽出生之后。承担养育后代任务的以雌海狗居多，虽然可以帮助别的同伴照顾宝宝，但是雌海狗更喜欢自己的宝宝。可那么多的海狗宝宝哪一个才是自己的呢？海狗的嗅觉和听觉十分敏锐，即便小海狗们相貌差不多，海狗妈妈也能轻易地从它们的叫声和气味中准确地找到自己的宝宝。

捕食与被捕食

鲸、鲨鱼等动物都是海狗的天敌，但是海狗在长期逃亡中掌握了一定的规律：这些动物基本在傍晚时不会出没，于是海狗一般在傍晚捕食，这在一定程度上提高了海狗的生存率。海狗游泳的速度很快，它们经常捕猎鱼类为食，但是它们的牙齿却不能咀嚼。与海狮不同的是，海狗不会把食物整个吞下，而是将食物撕成小碎块再吃。

庞大的"后宫"

强壮的雄性海狗常常自立为王,"后宫"就是它的王国,而它就是"国王"。它雄赳赳气昂昂地不断征服着雌海狗,将自己的"后宫"发展壮大。一只雄性海狗最多可以拥有上百位妻子,这些妻子会为它生儿育女,而相对弱势一些的雄海狗有可能只拥有几只雌海狗,或者干脆一只都得不到,只能孤独地度过一个繁殖季。

逐渐减少

海狗的生殖能力很强大,寿命也比较长,可是这依然阻止不了这个物种数量在逐渐减少。人类的大肆捕杀,加上海狗宝宝感染寄生虫以及意外夭折,都让这个物种濒临灭绝。如果人类不加以保护,也许在不久的将来,我们只能通过图片才能见到海狗的身影了。

回到故乡

每到冬春季节,海狗就会大规模地向南方迁徙。然而不管走到哪里,随着夏季的到来,准备繁殖的海狗就会日夜兼程地赶回自己的出生地。也许它们心里有一种执念:我一定要在我出生的地方孕育宝宝。雄海狗会提前几个星期到达繁殖地,然后开始一段时间的较量,以抢占更好的地盘。几个星期后,雌海狗才姗姗赶来。

海獭

海獭是最小的海洋哺乳动物，它有着浓密的毛发，小小的耳朵隐藏其中，看上去与老鼠非常相像。海獭的身长与其他海洋哺乳动物相比非常小巧，但是它大而蓬松的尾巴几乎超过身长的四分之一。海獭非常机警，它们几乎一生都生活在海水中，只有在反复确认非常安全之后，才会偶尔上岸休息。海里的小鱼、小虾和贝类都是海獭的食物，但是相比较来说，它们似乎更加喜欢外壳坚硬的小生物，并享受自己动手的乐趣。

躺在水面上

除了潜水、寻找食物等活动，海獭几乎大部分时间都仰躺着漂浮在水面上，无论是进食还是睡觉。海獭非常聪明，为了防止自己熟睡后溺水或者被风浪卷走，它会找一片海藻茂盛的地方，在水中滚来滚去，将海藻缠绕在自己的身上，再安然入睡。然而，海獭宝宝还不具备这样的能力，所以海獭妈妈会把海獭宝宝固定在自己的胸前，这样海獭宝宝在海獭妈妈的怀抱中能安心地睡个好觉。

灵敏的嗅觉

海獭的嗅觉灵敏得惊人，它可以闻到几千米以外的味道。如果有人在海滩上活动完离开，那么这片海滩要经过很多次海浪的冲刷，直到人类的气味散尽它才会上岸。海獭灵敏的嗅觉为其生存提供了保障，它能提前感知危险，尽量在敌人到来之前逃命。

海獭用嗅觉感知危险

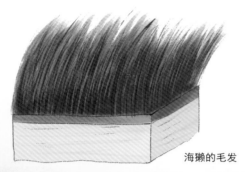

海獭的毛发

最浓密的毛发

如果要问动物界谁的毛发最浓密，肯定非海獭莫属。那么海獭的毛发到底有多么浓密呢？打个比方来说，1平方厘米海獭皮肤上的毛发就有十几万根，相当于一个人满头的头发。海獭生活在寒冷的水域，但是与其他同地域的哺乳动物不同的是，海獭的皮下并没有厚厚的脂肪来帮助它抵御严寒，它只有靠自己密实的皮毛来保持体温。

擅用工具

海獭的聪明还体现在对工具的利用上。海獭的牙齿根本不足以咬碎海胆、贝类等食物坚硬的外壳，这时它该怎么办呢？海獭在这方面积累了相当丰富的经验，它通常会找一块称手的石头，躺在水面，把食物放在自己的肚皮上，用石头反复敲击，直到能取食里面的肉质为止。这块石头也被它随身携带，以备不时之需。

梳妆打扮

海獭是勤于"梳洗打扮"的动物，它会花费大量的时间用牙齿和爪子梳理自己全身的毛发。这种习惯可不是为了让自己变美，而是与它的生存环境有很大的关系。如果海獭的皮毛变得脏兮兮、乱糟糟，冰冷的海水就会透过毛发沾到皮肤上，身体的热量也会很快散发掉，这对没有多少脂肪抵御寒冷的海獭来说是很糟糕、很危险的事。

海獭梳理自己的毛发

惊人的食量

海獭非常能吃，一天能吃掉10多千克的食物，相当于自己体重的三分之一。这是因为海獭的生活环境比较恶劣，能量消耗很大，体内又缺少脂肪御寒，它只能通过进食大量的食物来为自己提供足够的能量。

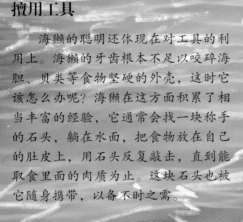

海獭进食

鲨鱼

　　鲨鱼是海洋中最凶猛的一种鱼类，它们在 5 亿年前就已经存在了，比恐龙还早 3 亿年。有的鲨鱼吃海豹、海豚等大型动物，有的鲨鱼吃小鲨鱼和其他鱼类，有的鲨鱼会吞食一些浮游生物、小鱼、小虾，还有一种窄头双髻鲨却非常喜欢吃水草。

鲨鱼的牙齿

　　提起鲨鱼，你一定会想到那血盆大口以及锋利的牙齿。不过，并不是所有鲨鱼的牙齿都一个样子，牙齿的类型取决于鲨鱼所吃的食物。

　　大白鲨的牙齿大而锋利，呈三角形，牙齿边缘还有锯齿，可以把大型猎物撕成小块。

　　虎鲨的牙齿尖利而具有破坏性，可以咬碎海胆、甲壳类动物的外壳。

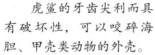

　　鲸鲨的牙齿非常多，但是又细又小。鲸鲨主要用鳃耙过滤水中的浮游生物和小鱼、小虾。

　　灰鲭鲨牙齿长而尖利，可以捕食到快速游动的沙丁鱼群。

　　鲨鱼的嗅觉很敏锐，它们鼻子里的神经细胞能探测出一滴海水中被稀释的血液味道。

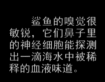

体侧线

　　鲨鱼的身体两侧分布着对振动敏感的神经细胞，叫作体侧线。当鲨鱼游动产生的压力波碰到其他生物反弹回来时，体侧线就可以感知到。

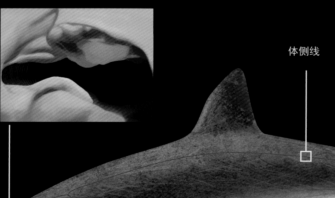

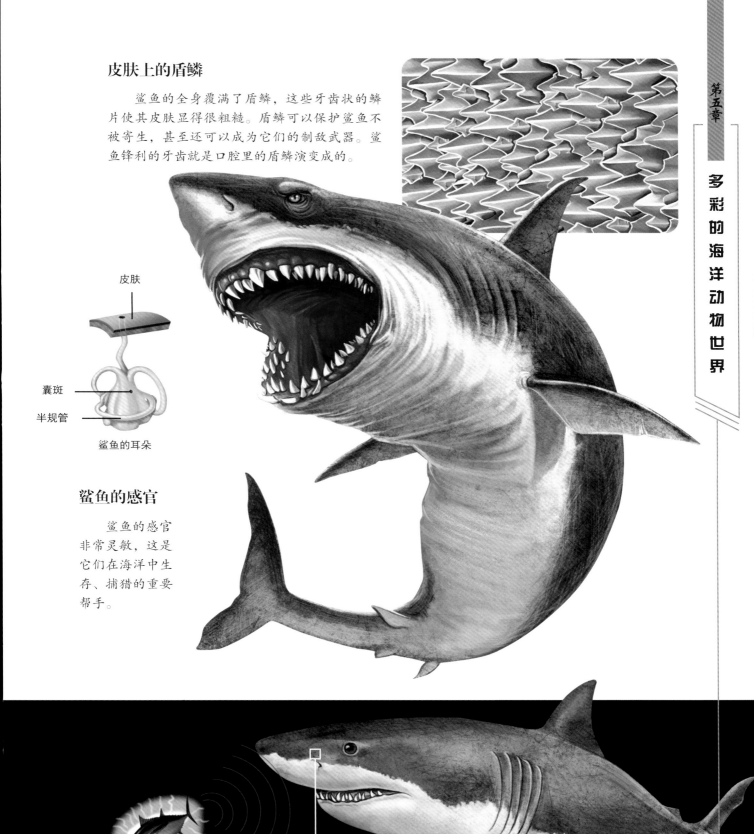

皮肤上的盾鳞

　　鲨鱼的全身覆满了盾鳞，这些牙齿状的鳞片使其皮肤显得很粗糙。盾鳞可以保护鲨鱼不被寄生，甚至还可以成为它们的制敌武器。鲨鱼锋利的牙齿就是口腔里的盾鳞演变成的。

皮肤

囊斑

半规管

鲨鱼的耳朵

鲨鱼的感官

　　鲨鱼的感官非常灵敏，这是它们在海洋中生存、捕猎的重要帮手。

罗伦氏壶腹

鲨鱼的吻部有一些对电流敏感的毛孔，名字叫罗伦氏壶腹，能帮助鲨鱼探测到猎物身上的生物电。

鳐鱼

鳐鱼喜欢生活在水底，常常把自己埋在沙子中。扁扁的蒲扇形身体、宽大的胸鳍、巨大的身形，这些特征让它看上去有些可怕。然而事实上，鳐鱼是比较无害的海洋生物，当然前提是人类没有去主动招惹它。鳐鱼的骨骼几乎都是软骨，但有些部位已经钙化，所以有一定的硬度。鳐鱼的体形大小各异，有的胸鳍展开后达8米，也有个别种类体形只有几十厘米，非常小巧。

奇特的呼吸方式

因为喜欢待在水底的泥沙中，鳐鱼练就了一种特殊的呼吸本领：在水底时，水流从鳐鱼头顶的管路进入，然后从腹部的鳃裂流出，整个呼吸过程通过闭口完成，丝毫不用担心吸入泥沙。

尾鳍

皱褶

气门

胸鳍

眼

口鼻处

鳐鱼的身体

鳐鱼内脏发育得比较完善，它有明显分化的胃，有独立的肝脏和胰脏。但是与其他鱼类不同的是，鳐鱼没有鱼鳔，游泳时要靠扇动胸鳍前进。

鲨鱼的近亲

从外形上来看，鳐鱼与鲨鱼毫无相似之处，但是令人称奇的是鳐鱼竟然和鲨鱼有亲缘关系。很久很久以前，鳐鱼和鲨鱼是同类，为了适应海底的环境，它不得不慢慢进化成现在的样子，毕竟像鲨鱼那样圆润的体形是无法埋身于沙下的。

鳐鱼的口并不在前端，而是位于腹部，横向裂开。

鳐鱼

鲨鱼

带电的鳐鱼

鳐鱼中有一个特殊的种类，它天生带有高压电，并靠着自己带电的体质轻轻松松地捕食和躲避敌人的捕杀，它就是电鳐。电鳐的头部两侧有发电器，这让它可以随时随地且随自己意愿发出任意强度的电流。这些电流足以击晕、击毙它的猎物，或吓跑觊觎它的敌人。除一些特殊的种类之外，一般的电鳐能释放 60 ～ 80 伏电压的电。

"电板柱"

电鳐的发电器呈六角柱体排列，被称作"电板柱"，电鳐体内这样的电板柱有 2000 多个，电板有 200 多万块。这些电板之间充满了绝缘的胶状物质，我们用的干电池正负极之间的填充物就是根据这些物质发明改造的。

蝠鲼

　　蝠鲼是非常古老的一种鱼类，它们早在中生代侏罗纪时期就出现在地球上了，最神奇的是经过漫长的生命演变，蝠鲼的体形几乎没有什么改变。它的身体不像大多数鱼类一样呈纺锤形，而是像一条铺开的毯子，这样的长相在鱼类中独具一格，非常有辨识度。别看蝠鲼体形巨大，它的脾气可是少有的温和呢，当然，前提是它没有被激怒。

水下"魔鬼"

　　魔鬼鱼是蝠鲼的另一个称呼，可是性情温和的蝠鲼怎么会有这样恐怖的名字呢？原来蝠鲼性格活泼，有时还非常调皮，它会悄悄游到海上航行的小船船底，用胸鳍拍打船底，发出声响；有时它会拔起停泊的小船的船锚，或者拉着船锚将小船拖来拖去。渔民们不知道发生了什么，都以为是魔鬼在作怪，后来才发现原来一切都是蝠鲼的恶作剧。再加上蝠鲼怪异的长相，它"魔鬼鱼"的名号就由此而来。

力大无穷

　　蝠鲼的力气非常大，这一点和它的体形非常相称。微小的生物根本无法与这样的力量抗衡，所以蝠鲼只需要轻轻划动它的肉角和前鳍就能轻松地把它们划入嘴中。一旦蝠鲼生气了，它扇动的胸鳍能轻松拍断人类的骨头，甚至致人死亡。就连凶猛的鲨鱼也要惧怕它几分，能躲开就躲开。

蝠鲼追赶鲨鱼

蝠鲼和鳐鱼

蝠鲼和鳐鱼同属一纲，看起来也十分相似，那么它们之间有什么不同之处能让我们正确区分它们呢？

蝠鲼与鳐鱼最明显的区别就是它头上的那对向前凸起的头鳍，这对头鳍是由胸鳍分化而来，鳐鱼是没有的。

蝠鲼有头鳍　　　　　　　鳐鱼没有头鳍

蝠鲼身体基本呈菱形，棱角比较分明；鳐鱼的身体则多数呈圆形或圆润的菱形。

蝠鲼呈菱形　　　　　　　鳐鱼身体圆润

跃出水面滑翔

蝠鲼体形庞大，是个不折不扣的"胖子"，但是它是个"灵活的胖子"。它能从水面跃出、翻筋斗、滑翔，身姿灵活，丝毫不受体重的困扰。它们的滑翔通常是因为有敌人追击或者是它们的宝宝受了欺负，也可能是身上的寄生虫让它们难以忍受。运气好的话，人们能看到很多蝠鲼一起凌空跃起，再落回水面，声如雷动，水花四溅，十分壮观。

鳐鱼享受潜在水底的生活。而蝠鲼相对活泼得多，它比较喜欢巡游，有时还会跃出水面。

蝠鲼跃出水面　　　　　　鳐鱼潜在水底

海马

海马是海洋动物中的一个异类，它的外形看起来非常特别：头像马，尾巴卷曲，嘴像一根喇叭形状的管子，简直就是"四不像"。然而实际上，它是一条鱼——这真是令人非常惊讶的事实。它与大多数的鱼类一样，有鳃和鳍等。海马是海洋动物中的慢性子，无论做什么事，它都不慌不忙、慢条斯理。

高超的生存技能

像海马这样体形小巧，行动还慢悠悠的动物，在海洋中很容易处于危险的境地。为了自己和后代的生存，海马掌握了一身高超的生存技能，它擅长改变自身的颜色，将自己完美地融入周围的环境中，以达到瞒天过海的目的。更为神奇的是，它可以通过改变褶皱的表皮，让自己接近珊瑚或其他植物的样子。有时，为了更加逼真，它还会静止不动，任由海草和微生物装扮自己。

独特的尾巴

海马的尾巴看起来没什么特别，但是你知道吗？它尾巴的截面是方形的。海马的尾巴是由四个一组的"L"形骨板环绕而成。别小瞧这条方形的尾巴，它能向腹部卷曲850°。方形的尾巴抗压能力非常强，能很好地保护海马的颈椎。

系好"安全带"

　　海马有一条长长的尾巴，这是它的"安全带"，我们很多时候都能看到它把尾巴卷曲起来。当它们累了想要休息，或者遇到危险时，它们就会用尾巴卷住海藻或珊瑚丛，不但能保护自己不被海水冲走，还能达到隐蔽的目的，躲避敌人的追杀。另外，海马爸爸分娩时也要借助尾巴将自己固定在海藻上，再收缩肌肉打开育儿囊，放出小海马。

妈妈还是爸爸?

　　不论是人类还是动物世界，一般都是由雌性负责生育后代。然而海马是生物界的一个异类，雌海马负责产卵，雄海马负责孵化。雄海马肚子上有一个类似袋鼠育儿袋的育儿囊，雌海马会将卵产在育儿囊里，然后全程由雄海马进行孵化，等海马宝宝在育儿囊里发育成形，再把它们放进海里。

独特的泳姿

　　与一般的鱼类相比，海马的泳姿独特又优雅，它一生都保持直立，前进要依靠背鳍和胸鳍的摆动来完成，这种摆动的频率比较高，大约每秒钟能达到 10 次，但是即便是这样，它的行动速度依然很慢，每分钟只能移动 1 ～ 3 米。海马因此成为世界上游得最慢的海洋动物。

151

飞鱼

鸟类会在天上飞是毋庸置疑的事情，然而你听说过会飞的鱼吗？飞鱼是海洋中一种特别的鱼类，它有着超强的飞行能力。最为神奇的是，飞鱼并没有鸟类那样的翅膀，它的翅膀实际上是一对宽大的胸鳍，而且它在做飞行运动时并不是靠扇动胸鳍来完成的。严格来说，飞鱼的飞行不能称作飞翔，而是滑翔。

飞鱼岛国

位于加勒比海东部的巴巴多斯以盛产飞鱼而闻名，飞鱼是这里的特产，深受人们的喜爱，它们也因此成为巴巴多斯的象征。巴巴多斯的飞鱼种类非常多，大的长达 2 米多，小的才巴掌大，它们争先恐后地跃出海面，成为一道美丽独特的风景。

为什么要飞行?

海洋动物们的行为看起来随性，但是生活在这样复杂的环境中，它们的一切行为都是有一定的理由的。飞鱼的个头不大，对于大鱼们来说是非常美味的点心，为了躲避大鱼们的追杀，它不得不寻求一种能暂时避难的办法，那就是利用自身的优势飞出水面，让大鱼们无计可施。

飞鱼展开胸鳍乘风"飞翔"

来自海洋之外的威胁

飞鱼飞出海面成功避开了海中敌人的追杀，但是它忽略了一点，生物界危机四伏，觊觎它的不是只有海里的生物，低空飞行的海鸟们是非常乐意"守株待兔"的，只等飞鱼跃出水面，它们就可以快速掠过去抓住，美餐一顿。另外，如果飞鱼的飞行出现了失误，撞在了礁石或船只上，也会白白丢了性命。

飞鱼被鹰捕食

飞行的主要动力

飞鱼飞行看起来好像离不开它宽大的胸鳍，但是实际上，对它的飞行起到关键作用的却是它的尾鳍。飞鱼并不能随时随地想飞就飞的，它起飞之前需要做一系列的准备工作。它必须先在水中高速游泳，这时它的胸鳍会紧紧贴在身体两侧，以减小它在水中的阻力。接着它在水中慢慢上升，并用尾鳍用力拍水，蓄力冲出水面，然后迅速张开胸鳍，向前滑翔。飞鱼的尾鳍为它的滑翔提供了动力，如果剪掉尾鳍，飞鱼就再也无法飞行，一生只能在水下度过了。

飞鱼的尾鳍不停击水，为它的飞行提供动力

金枪鱼

大多数金枪鱼生活在水中 100～400 米的水域，它们的身体呈流线型，体形较长，向尾部渐渐变细。与很多鱼类不同的是，它的鱼鳞已经退化为小圆鳞。金枪鱼游泳的速度很快，一般能达到每小时 30～50 千米。令人惊讶的是它还有着超强的爆发力，它游泳的瞬时速度最高能达到每小时 160 千米。

"爱旅行"的鱼

金枪鱼被称作"没有国界的鱼"，它们酷爱"旅行"，旅程最多可以达到数千千米，因此它们的分布范围非常广，低中纬度海域几乎都能见到它们的身影。科学家们对金枪鱼做过实验，发现它们每天可以游 230 千米，是大型鱼类中唯一能快速、长距离游泳的鱼。

一天到晚游泳的鱼

在水中生活的鱼儿，游泳是必不可缺的一项活动，它们嬉戏、觅食，劳逸结合，无忧无虑。对于金枪鱼来说，它们所有的活动都是在游泳中进行的，觅食和逃跑时就加速游，累了就慢慢游，不分昼夜从不停歇，这是为什么呢？原来这与金枪鱼的身体构造有关，金枪鱼的鳃肌已经退化，因此它必须张开嘴，让新鲜的水流经鳃部获取氧气，一旦停下，它就会面临缺氧窒息的危险。

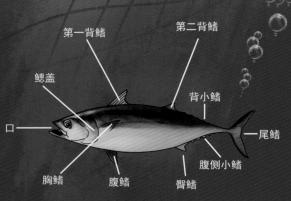

第一背鳍　　第二背鳍

鳃盖

口　　　　　　　　　　　背小鳍

　　　　　　　　　　　　尾鳍

　　　　　　　　　　腹侧小鳍

胸鳍　　腹鳍　　臀鳍

金枪鱼身体构造图

最大的金枪鱼

金枪鱼中最大的种类非蓝鳍金枪鱼莫属。蓝鳍金枪鱼体长一般为 1～3 米，也有一些超过 3 米的个体，平均体重在 200～400 千克。与其他金枪鱼不同的是，蓝鳍金枪鱼生长非常缓慢，加上人类的大量捕捞，它们的生存情况很不乐观。

3 米

热血鱼

绝大多数的鱼类都是冷血动物，然而金枪鱼非常特别，它是热血鱼。科学家研究表明，金枪鱼的体温要比周围的水温高出 9 摄氏度，它的腹部有发达的血管网，当长途旅行慢速游泳时，能起到一定的调节体温的作用。因此热血的金枪鱼能适应较大的水温范围。金枪鱼的肌肉中含有大量的肌红蛋白，这使它的肌肉呈现出与牛肉相似的红色。

静脉

动脉

身体温度

椎骨

红肌

白肌

体腔

金枪鱼血管网结构

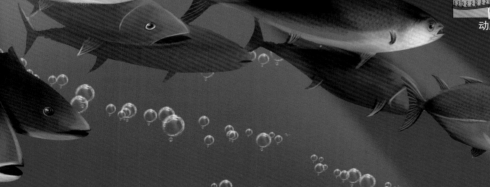

丰富的营养

金枪鱼深受人类欢迎，主要是因为它们具有超高的营养价值。金枪鱼肉脂肪含量非常低，且富含高蛋白、牛磺酸等元素，对人类的肝脏、血管等器官大有益处。金枪鱼肉中还含有丰富的 DHA，能为人类的大脑提供充足的营养。另外，金枪鱼中还含有多种营养成分，是儿童成长时期非常好的健康食品。但是值得注意的是金枪鱼中含有少量的汞，不适宜大量食用。

抑制血中胆固醇，预防脑栓发生。　促进孩子健康成长。

二十碳五烯酸　　　　　蛋白质

二十二碳六烯酸　　　　牛磺酸

促进血中胆固醇的消化吸收。　对于保持血压正常，预防脑出血有很好的效果。

剑鱼

剑鱼是热带和亚热带海洋中比较常见的鱼类，以它突出的长长的上颌而得名，这样的长相在鱼类中很少见，人们很容易就能在众多的鱼类中分辨出它来。与剑鱼生活在同一海域的鱼类和海兽们很少敢惹它，毕竟它坚硬的上颌像一把利剑一样，被它刺一下可不好受。

仿生应用

剑鱼的身体构造给了飞机设计师们很大的启发，如果飞机前端也有这样一根长刺会怎么样呢？设计师很快将这个想法付诸实践，他们给飞机加了一根"长针"，令人惊喜的是，这个设计让飞机顺利冲破高速飞行中产生的"音障"，超音速飞机就这样诞生了。

超音速飞机

长长的"利剑"

在海洋生物中，剑鱼的体形并不算小，一般剑鱼的身长都在2米左右，也有一些身长能达到3米多，甚至个别的剑鱼可以长到5米长。虽然它身体很长，但是其中几乎有三分之一是被它尖利的上颌占据的，这是它最有力的武器。

剑鱼的武器

剑鱼的上颌配合它超快的游泳速度，对海洋生物产生了极大的杀伤力，甚至就连人类的船只也不能幸免。在英国的自然历史博物馆里，至今还陈列着一块被剑鱼刺穿的厚50厘米的木船底板。英国的保险公司甚至曾经有一项"剑鱼攻击船只受伤害保险"。

超快的泳速

生活在海洋中，剑鱼练就了一身高超的游泳技术，它的游泳速度高达每小时130千米。1967年，《自然》杂志刊登了一份"海中动物速度比较表"，结果显示，剑鱼是已知的海洋鱼类中游泳速度最快的鱼。

剑鱼的泳速130千米/时

剑鱼为什么能游得那么快？

我们很难想象剑鱼居然能游得那么快，同样我们也充满了好奇，剑鱼是如何做到的呢？

剑鱼的身体呈流线型，体表光滑，尖而长的上颌能劈开水流，上颌上下扁平，中间厚两边薄；强壮有力的尾柄为前进提供推动力。鱼骨组织中有能产生脂肪的腺体，并通过特殊的缝隙释放到皮肤表面，起到润滑、减少阻力的作用。独特的肌肉和脂肪还能提供温暖的血液，让它不惧寒冷。

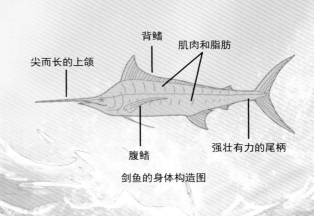

尖而长的上颌　　背鳍　　肌肉和脂肪

腹鳍　　　　　强壮有力的尾柄

剑鱼的身体构造图

比目鱼

　　大自然的生物们无论样子生得多么奇怪，眼睛基本都是左右分开，长在身体两侧的。然而比目鱼偏偏喜欢与众不同，它的一双眼睛都长在了身体一侧。比目鱼身体扁平，腹部呈白色，眼睛一侧的皮肤有颜色。因为腹部的颜色太显眼，容易被敌人发现，所以它通常把腹部埋在海底的沙子中。这样它就能与周围的环境融为一体，既不容易暴露自己，还能伺机捕获一些美味的猎物。

不是天生的

　　比目鱼独特的眼睛一定引起了许多人的好奇心，如果你觉得它们从小到大都是这样一副模样，那可就错了。比目鱼宝宝刚出生的时候和其他的鱼没什么两样，两只眼睛也是分别长在身体两侧的。但是随着比目鱼宝宝一点点长大，它的眼睛也渐渐发生了变化：位于它身体一侧的眼睛开始慢慢转移，它经过比目鱼头的上方，越过头顶转移到身体的另一侧，接近另一只眼睛，这时的比目鱼变成了人们熟悉的样子。当然，比目鱼的种类有很多，不同的种类眼睛变化的过程和位置也会有所区别。

比目鱼成长过程

158

奇特的泳姿

鱼是怎么游泳的呢？我们一定会不假思索地回答：当然是脊背朝上向前游。但是比目鱼总能给我们带来新奇的乐趣，如果仔细观察就会发现，比目鱼游泳的时候会将有眼睛的一侧向上，侧着身体游来游去，远远看去就像平躺在水里睡懒觉一样。

你能找到藏起来的比目鱼吗？

转动眼睛

比目鱼的眼睛长在同一侧，是不是不能转动呢？当然不是，比目鱼的头骨由软骨构成，当它想要转动眼睛的时候，只需要用身体暂时将两只眼睛中间的软骨收紧，眼睛就可以顺利转动了。它们转动眼睛的时候，自身的器官和身体构造都发生了变化。

比目鱼想要转动眼睛的时候，只需要收紧两只眼睛中间的软骨就可以做到了。

海蛇

中生代晚期对于一些两栖类动物来说有着非常特殊的意义，它们完全适应了陆地上的生活，于是它们决定彻底离开海洋，将自己进化成为陆地上的爬行动物——蛇。然而，它们其中的一部分并不想生活在陆地上，相比较来说，它们更喜欢自己世代生活的地方，因此它们决定回归海洋，成为海蛇。当然，动物们对生存环境的选择也有自己的考量，有一小部分的海蛇选择海洋、陆地两栖的生活。

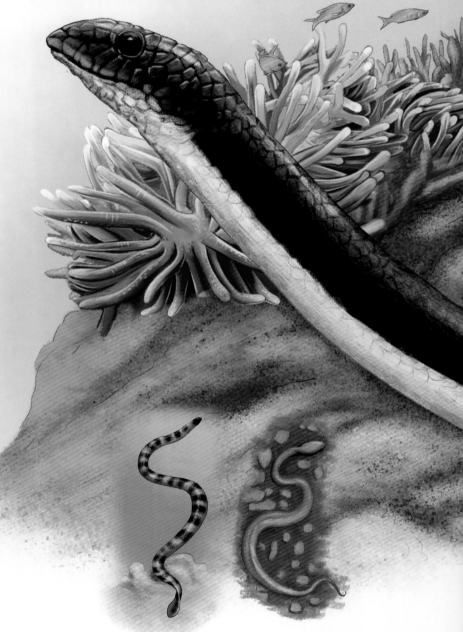

小心！有毒

海蛇大多在浅水海域活动，外表看起来与陆地上的蛇差不多，但种类不如陆地上的蛇多。你也许并不知道，海蛇是属于眼镜蛇科的，也就是说，大部分的海蛇都是有毒的。虽然如此，我们也不必太过担心，大多数海蛇只有在受到骚扰和威胁的时候才会咬人。

海蛇的毒性

海蛇毒液的成分与眼镜蛇毒液的成分类似，都属于神经毒。但是与眼镜蛇不同的是，海蛇的毒液主要作用于人类的随意肌。被海蛇咬的后果很可怕，这并不是因为海蛇毒液的致命性，而是人类常在不知不觉中中毒甚至死亡。原来，海蛇咬人时，被咬的人并没有疼痛感，加上海蛇的毒素有几十分钟到几小时不等的潜伏期，因此很容易被忽略而错过救治时机。

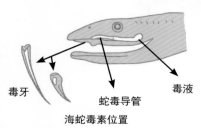

毒牙　　　　　毒液
蛇毒导管
海蛇毒素位置

从表面上看来，海蛇与陆地上的蛇并没有什么差别，可是如果仔细观察就会发现，它们的尾巴是完全不一样的，陆地上的蛇尾巴是尖尖的，而海蛇的尾巴则是像船桨一样扁扁的。

小心捕食者

生物界的食物链很神奇，比如海蛇，它的毒素似乎能让人闻风丧胆，但即便是这么可怕的动物，也有天敌制约它。海蛇在海面上游动的时候也是充满不安全感的，因为虎视眈眈的海鹰和各种肉食海鸟会盘旋在空中，快速俯冲下去把它们抓走。而在海中活动的时候，它们也很容易被一些鲨鱼盯上。

海蛇的天敌

海蛇聚会

海蛇不是群居动物，但是有时候人们能在有些港口的海面上看到群蛇聚会的现象，十分壮观，这是为什么呢？其实，这是海蛇的生殖期到了，每到这时，它们都会聚在一起。两栖的海蛇依然保持卵生的特点，而完全海生的海蛇则是卵胎生动物。

海蛇聚集产卵

海蛇探出水面呼吸换气

需要呼吸

绝大部分海蛇都生活在深 100 米以内的海域，因为种类不同，它们潜水的深度也是不同的，但是不论是深水海蛇还是浅水海蛇，都需要定期到海面上进行换气呼吸。唯一的区别就是深水海蛇换气时在水面上停留的时间比较长，而浅水海蛇在水面上停留的时间比较短，通常都是探出头吸一口气马上就潜回水中了。

海龟

海龟是非常长寿的海洋生物，它们在地球上出现得比较早，早在 2 亿多年前地球上就有它们活动的身影了。在很多地区，海龟可是长寿的象征呢。然而，随着人类的捕捞和对海洋环境的破坏，海龟们本来悠闲的生活不复存在，它们的生存变得艰难起来。多年以来，海龟已经成为濒危物种，很少能够被发现了。

短而漫长的路

　　小海龟出生后，必须穿过沙滩回到海里生活，然而对人们来说咫尺的距离在小海龟们看来却是遥远且危险重重。稚嫩的小海龟是许多海鸟最爱的食物，它们成为小海龟回归大海路上最大的威胁。另外，人类的灯光会干扰海龟宝宝的判断，一部分小海龟追随着光亮走向了不归路。因此，虽然新生的海龟宝宝数量不少，但种种因素导致小海龟的成活率十分低。

小狗掏海龟蛋

小海龟们破壳而出爬回大海

　　海龟的卵壳较软，有韧性，与禽蛋壳有明显的区别。等孵化期结束，小海龟们会破壳而出，回到海里生活。

海龟外壳坚硬，用前肢划水，后肢掌握方向

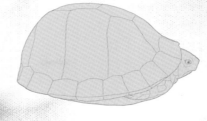

陆龟把头和四肢缩进龟壳

海龟没有牙齿，利用上下颚进食

海龟和陆龟的区别

陆地上的乌龟遇到危险就会把头和四肢缩回龟壳里进行防御，这是众所周知的事，然而对海龟来说，这个动作是它无法完成的。海龟需要借助前肢划水，推动自己向前游去。后肢是海龟的"方向盘"，它靠后肢掌握前进的方向。海龟没有牙齿，但是它们的上颚和下颚十分坚硬，足以将食物咬开并咀嚼碎。

人掏海龟蛋

海龟产卵

海龟产卵后回大海去

繁衍生息

4—10月是海龟的繁殖季节，海龟妈妈会来到岸边的沙滩上找一个合适的地方产卵。它会先用前肢挖一个能容它趴在里面的大坑，再用后肢挖一个产卵坑，将卵产在里面，用沙子掩埋好，自己则回到海中。

海鬣蜥

科幻故事中的怪兽是不是很可怕呢？如果你看见海鬣蜥，一定会怀疑自己是不是来到了科幻世界。人们通常认为海鬣蜥是由陆鬣蜥进化来的，也有人认为海鬣蜥起源于其他的已灭绝的海洋爬行动物。海鬣蜥看起来凶神恶煞的，一点儿也不可爱，其实它们只是虚张声势罢了，目的就是为了威吓人类和觊觎它的敌人。事实上，海鬣蜥与其他的大型鬣蜥一样以素食为主，偶尔会吃一些甲壳类的生物，食物缺乏的时候，它们甚至可以去翻找垃圾桶寻找能填饱肚子的东西。

生活在海里

海鬣蜥的长相与陆鬣蜥很相似。不同的是，海鬣蜥在漫长的进化中让自己变得更加适应海洋的生活。它的尾巴比陆鬣蜥长很多，而且非常强壮。另外，海鬣蜥的爪子是长长尖尖的，它能在暗流涌动的海底稳稳地行走，寻找自己爱吃的食物。

在海里游动的海鬣蜥

强壮的尾巴让海鬣蜥能在海里自由快速地游动。

海鬣蜥用自己的爪子牢牢地抓住岩石，避免自己被海浪卷走

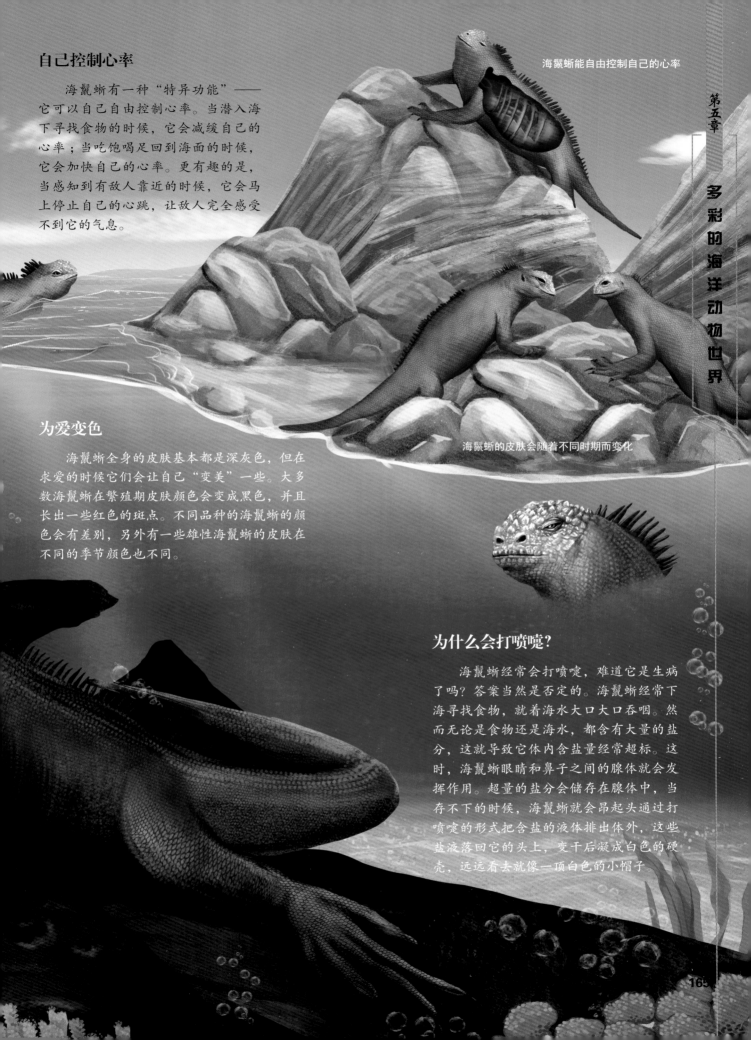

自己控制心率

海鬣蜥有一种"特异功能"——它可以自己自由控制心率。当潜入海下寻找食物的时候，它会减缓自己的心率；当吃饱喝足回到海面的时候，它会加快自己的心率。更有趣的是，当感知到有敌人靠近的时候，它会马上停止自己的心跳，让敌人完全感受不到它的气息。

海鬣蜥的皮肤会随着不同时期而变化

为爱变色

海鬣蜥全身的皮肤基本都是深灰色，但在求爱的时候它们会让自己"变美"一些。大多数海鬣蜥在繁殖期皮肤颜色会变成黑色，并且长出一些红色的斑点。不同品种的海鬣蜥的颜色会有差别，另外有一些雄性海鬣蜥的皮肤在不同的季节颜色也不同。

为什么会打喷嚏？

海鬣蜥经常会打喷嚏，难道它是生病了吗？答案当然是否定的。海鬣蜥经常下海寻找食物，就着海水大口大口吞咽。然而无论是食物还是海水，都含有大量的盐分，这就导致它体内含盐量经常超标。这时，海鬣蜥眼睛和鼻子之间的腺体就会发挥作用。超量的盐分会储存在腺体中，当存不下的时候，海鬣蜥就会昂起头通过打喷嚏的形式把含盐的液体排出体外，这些盐液落回它的头上，变干后凝成白色的硬壳，远远看去就像一顶白色的小帽子

龙虾

龙虾多数分布在热带海域，所以并不是所有沿海的地区都可以见到。龙虾有着大大的头和坚硬的外壳，身体呈筒状，颜色各异。虽然它长得张牙舞爪，看起来十分有威慑力，但却是海洋中不可多得的美味。龙虾是世界上可食用的大型虾类，它肉质鲜美，营养丰富。因为龙虾营养价值高，所以价格相对也比较昂贵。

龙虾喜欢的生活

龙虾喜欢生活在水底深处，隐蔽在水草和石头缝隙中。它们不太喜欢强光，太阳下山后是它们最爱的时光，它们纷纷出来寻找食物或者寻找配偶。相对游泳来说，龙虾更喜欢爬行，当受到惊吓的时候，它还会弹跳着逃跑。繁殖季节的龙虾喜欢打洞，这种现象在水质不佳，食物匮乏时也出现得比较多。

蜕壳和成长

龙虾的成长是靠蜕壳来完成的，可以说，蜕壳伴随了龙虾一生。龙虾宝宝离开妈妈的身体后，很快就开始了它第一次蜕壳，新换的虾壳是柔软的，经过12～24小时后，虾壳会变硬。龙虾从幼体长到成年，大约需要经历11次这样的蜕壳过程。成年后的龙虾到交配、产卵前也会蜕壳。与很多生物比起来，龙虾是很长寿的动物，它们通常都能活到100岁。

再生能力

幼体龙虾的再生能力很强，当遇到危险时，它会选择切断自己的肢体来迷惑敌人。它失去的部分会在下一次蜕壳时重新长出一点，再经过几次蜕壳就会完全长出来，只是新长出来的肢体会比原来的小一点。

龙虾的再生能力

磷虾

磷虾是海洋中常见的浮游生物，在世界上的分布比较广泛，是许多海洋生物赖以生存的食物，也是人类潜藏的食物资源。磷虾体形很小，身体整体呈透明或半透明状，有些甚至能清晰地看到内脏，这让它看起来非常美丽。

营养加工厂

磷虾看起来不起眼，但海洋中尤其是南极海洋中的生物，无论大小大多要依赖它生存。科学家研究表明，磷虾是5种鲸、3种海豹、20多种鱼类以及南冰洋中几乎所有鸟类的食物。还有很多大型生物间接地以磷虾为食。

以磷虾为食物的动物

磷虾的样子

磷虾的身体分为三个部分：头部、胸部和腹部。它的头胸部完全被甲壳覆盖，甲壳下缘光滑，有些生有侧齿。大部分的磷虾腹部分为 7 节，长有 19 对附肢，但不同品种的磷虾之间在细节上有一定的区别。在磷虾的身上有许多球形的发光器，就像一个个小灯泡。每当夜晚，尤其是受到惊吓逃跑时，磷虾群就能散发出美丽的磷光。

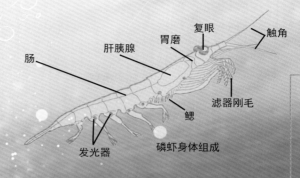

肠　肝胰腺　胃磨　复眼　触角
滤器刚毛
鳃
发光器　磷虾身体组成

奇妙的孵化

小磷虾的出生非常有趣，磷虾卵被排到水里后，就开始不断下沉。一边下沉一边孵化，一直到数百米甚至上千米的深海，磷虾宝宝才会出生。然后，小磷虾就会不断上浮，一边上浮一边长大，当它慢慢成形时，也几乎到达海面了。

清洁虾、机械虾、小丑虾

虾是海洋中比较庞大的一个族群，它们有的体形很大，有的长得小巧玲珑，还有一些长得色彩斑斓，十分美丽。清洁虾、机械虾和小丑虾就是其中几种与众不同的虾。这些小家伙长得十分美丽，性情也很温和，清洁虾还能为海洋生物们做健康保健工作呢。

像骆驼的虾

机械虾的背上有一个凸起，很像骆驼的驼峰，因此也被称为骆驼虾。机械虾有一双大大的眼睛，头部还可以转来转去。雄性机械虾之间有时并不那么友好，它们可能会因为爱上同一只雌性机械虾而大打出手。机械虾有点神经质，它总是怀疑自己处于危险中，稍微有一点动静，它就飞快跳向反方向逃跑，动作可以说是非常敏捷。

爱吃海星的小丑虾

小丑虾身上布满了红色、褐色或紫色的斑点，像染上了色彩斑斓的油彩，也像马戏团里花脸的小丑，非常可爱。小丑虾的体形非常小巧，最大也不过5厘米左右。但是让人意想不到的是，小丑虾赖以生存的食物居然是比它大的海星，偶尔也会吃海胆。如果仔细观察就会发现，它常常和伙伴一起爬到海星背上取食海星肉。

海底保健医生

　　清洁虾还被人们亲切地称为"医生虾""鲜红女士"，主要得名于它背上红白相间的条纹。清洁虾体形小巧，无法完成救死扶伤这样重大的任务，但是"日常保健"工作是难不住它的。清洁虾以鱼类表皮的坏死组织和寄生虫为食，这对鱼儿们来说可是个好消息，它们时常发愁怎么处理自己身上这些恼人的问题，如果有清洁虾愿意来帮忙，鱼儿们是非常欢迎的。

巨螯蟹

　　巨螯蟹是体形最大的蟹，也是现存世界上最大的节肢动物，它们十条长长的腿非常引人注目。很多蟹在煮熟后身体才会变成橙红色，对巨螯蟹来说，橙红色是它本来的颜色，并且一生都不会改变。巨螯蟹整体体形巨大，最大的巨螯蟹每条步足的长度都能达到两米，看上去十分具有威慑力。

　　巨螯蟹与许多动物一样，雄性比雌性体形大一些，前足也更长一些。无论雌雄都有一对坚硬的螯，能帮助它们顺利撬开贝类的壳。它的步足前端非常尖锐，这使得它们能掘开泥沙，寻找食物。巨螯蟹的螯和它的长腿可以让它在登山的时候不仅能牢牢地抓住岩石，防止自己摔下去，还能同时拿起或抓住食物。巨螯蟹虽然拥有令人羡慕的长腿，但是它的腿是细长的，非常脆弱。很多巨螯蟹都会出现缺少肢体的情况，这是因为它四肢过长，与身体的结合度并不牢固，所以很容易折断。

生活在深海

　　水温10℃左右的深海是巨螯蟹最喜爱的居住地。然而，每到繁殖季，它们会来到浅海海域进行繁殖，气温升高时，年轻力壮的巨螯蟹也会来到浅海活动。

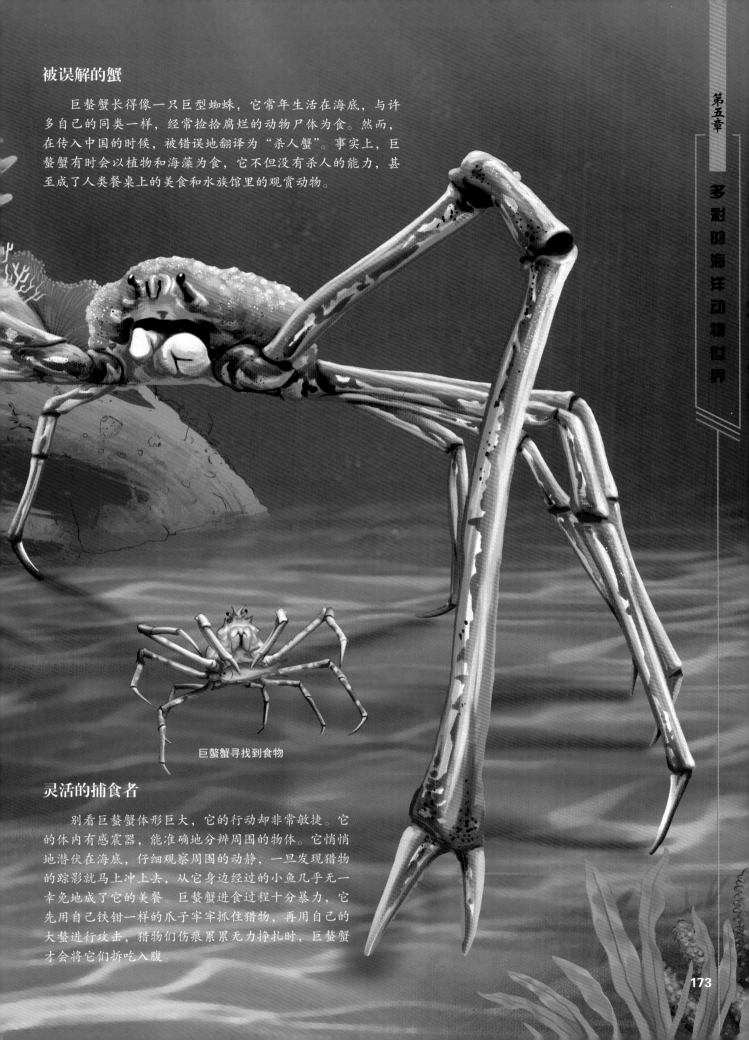

被误解的蟹

巨螯蟹长得像一只巨型蜘蛛,它常年生活在海底,与许多自己的同类一样,经常捡拾腐烂的动物尸体为食。然而,在传入中国的时候,被错误地翻译为"杀人蟹"。事实上,巨螯蟹有时会以植物和海藻为食,它不但没有杀人的能力,甚至成了人类餐桌上的美食和水族馆里的观赏动物。

巨螯蟹寻找到食物

灵活的捕食者

别看巨螯蟹体形巨大,它的行动却非常敏捷。它的体内有感震器,能准确地分辨周围的物体。它悄悄地潜伏在海底,仔细观察周围的动静,一旦发现猎物的踪影就马上冲上去,从它身边经过的小鱼几乎无一幸免地成了它的美餐。巨螯蟹进食过程十分暴力,它先用自己铁钳一样的爪子牢牢抓住猎物,再用自己的大螯进行攻击,猎物们伤痕累累无力挣扎时,巨螯蟹才会将它们拆吃入腹。

寄居蟹

寄居蟹的种类很多，世界上现存的种类有500多种，它们中的绝大部分都生活在水中，也有一些选择在陆地生活。寄居蟹的腹部很柔软，非常容易受伤，因此它不得不花费更多的精力保护自己的腹部。有点小聪明的寄居蟹在进化中找到了方法——为自己找一座房子当作避难所。于是它开始寻找死去的软体动物的外壳，当作自己的家。随着寄居蟹渐渐长大，它们会更换寄居的外壳。

寄居蟹吃海边的面包

海边清道夫

寄居蟹是杂食性动物，它一点儿也不挑食，海藻、寄生虫，甚至食物残渣都是它最爱的食物，因此被人们亲切地称作"海边清道夫"。

共生关系

海底许多生物乐意与寄居蟹结成共生关系。比如海葵和寄居蟹就能签订互利共生合约，海葵触手生有刺细胞，能释放毒素，在一定程度上能保护寄居蟹；另外，海葵可以栖息在寄居蟹的硬壳上，寄居蟹不但能带着它四处游玩，还能在觅食的时候为它提供一些食物。

海葵和寄居蟹是共生关系

寄居蟹寻找适合的新家

椰子蟹

挑剔的寄居蟹

寄居蟹一生可能会搬很多次家，可能是因为身体长大了，现有的壳太小住起来拥挤，也可能是不满意现在的居住条件，单纯地想换一换。它对自己的"住房"十分挑剔，安全系数不够的不住，不舒适的不住，就这样挑挑拣拣，直到找到自己满意的新家。

不对称的身体

寄居蟹住在自己找到的铠甲里，让自己顺利地躲避危险，但是相应的问题就出来了，它必须背着比自己身体大的壳子跑来跑去，行动迟缓了许多。长久下来，寄居蟹的身体出现了变化，它们中的大多数种类身体都呈现出左右不对称的样子。

带壳的寄居蟹

有一些寄居蟹不满足于生活在束缚它们的壳里，在进化中渐渐生长出了像螃蟹壳一样的硬壳，椰子蟹就是其中的一种，因为爱爬椰子树，喜食椰子肉而得名。椰子蟹生活在靠近海的热带雨林里，平时生活在陆地上，繁殖期会回到海中。椰子蟹的躯体和附肢的甲壳已经钙化，十分坚硬，因此不用再寄居在软体动物的壳中，没有生长束缚，它们体形巨大，是最大的陆生节肢动物。

寄居蟹的身体

招潮蟹

　　招潮蟹喜爱温暖的环境，因此在热带或亚热带的潮间带十分常见。它的长相非常有特点，标志性的一只大螯和竖立着的像火柴棒一样突出的眼睛让人很容易就从众多的蟹中认出它来。它挥舞着大螯的样子就像在召唤潮水，招潮蟹因此而得名。

大有用处的螯

　　雄性招潮蟹最大的特征就是它那两只不成比例的螯了，它们一只螯重量几乎占招潮蟹体重的一半，另一只相比之下却小得可怜。但是千万不要小瞧这对螯，它们对招潮蟹来说可是大有用处呢。超大的那只螯又叫交配螯，这可是招潮蟹吸引伴侣的制胜法宝。小的螯叫食螯，是专门用来抓取食物的。

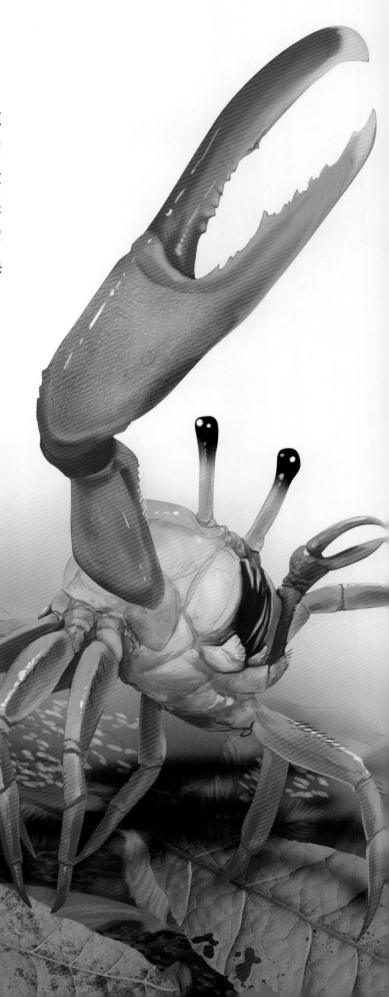

不同性别的招潮蟹

很多生物从外表看来是无法区分性别的，但是这种烦恼一定不会出现在招潮蟹身上，它们有明显的性别特征。我们常见的挥舞着一大一小两只螯的其实就是雄性招潮蟹，而雌性招潮蟹的螯则比较小，并且大小一致。另外，雄蟹与雌蟹相比颜色要更加鲜艳一些。

雌性招潮蟹

雄蟹挥舞大螯吸引雌蟹

过滤食物

沙滩和淤泥表层沉积了许多藻类、微生物以及食物碎屑颗粒，招潮蟹会用自己的小螯掠取这些颗粒送入嘴里。它的嘴里有一个特别的器官，能将这些颗粒进行分类，有用的就吃下去吸收，没有用的就用小螯取出扔在地面上，积少成多变成一个个小小的土球。这些小土球被称作"拟粪"，与真正的粪便是不一样的。

大螯断了怎么办？

如果雄性招潮蟹的大螯不小心断了怎么办？它是不是会因为没了武器和求爱的法宝而受尽欺凌，孤独一生呢？招潮蟹当然不会让自己的处境这样凄惨，如果它的大螯断掉了，那么原位置会重新长出来一只小螯，而原来的小螯会开始生长，长成大螯。

断掉大螯

大螯断处长出小螯，原来的小螯长成大螯

寻找伴侣

到了繁殖期，雄蟹的大螯开始发挥作用，它们挥舞着自己的大螯，吸引雌蟹的注意力。如果有幸得到雌蟹的青睐，雌蟹会跟随它来到它的洞穴完成交配。雄蟹有时也会有节奏地用大螯叩击地面，向雌蟹发送求爱的信号。

招潮蟹的拟粪进食

第五章

多彩的海洋动物世界

177

藤 壶

藤壶这种小动物长得十分奇怪，它们像一座座小小的灰白色火山一样附着在岩石、船体和人工设施等地方。它们的长相与软体动物十分相似，但是让人意想不到的是，它们竟然与虾、蟹一样同属于甲壳类动物。这种归类不无道理，它们从出生到幼体时期与甲壳类动物是基本相同的。

缺少的器官

与其他甲壳类动物相比，藤壶缺少了很多器官，它们没有能视物的眼睛；没有能感知事物的触角；也没有能行走的足。这一切仅仅是因为藤壶一生绝大部分时间都是固着生活的，这些器官对于它来说并没有多大用处。如果需要捕食，它只需要伸出自己像枝蔓一样的足在海水中扫来扫去，就能轻松地获取到细颗粒的食物。如果遇到了敌人，它们只要躲在自己又厚又硬的壳里，敌人就会无从下口。

选择 "房子"

当藤壶还是一个刚出生的小宝宝时，它是可以自由游动的，这种能力会一直持续到它们找到合适的住处。藤壶幼虫乘着水流，挥动着自己的小触须探查着沿途遇到的岩石等底质，判断哪个适合自己安家落户。如果遇到合适的地方，它会找个合适的位置分泌胶质附着；如果感觉不太舒适，它就会趁着自己还没变态的时候继续寻找。藤壶对自己的住处要求很高，毕竟一旦选择，它将会在那里度过自己的一生。

被藤壶附着的船底

怎样固定自己？

藤壶一旦选择好住处，就会牢牢地把自己固定在上面，且很难被取下，这是为什么呢？其实，这与它分泌的一种胶体有关。藤壶每一次脱皮后，都会分泌一种黏性的初生胶，里面含有多种生化成分，具有极强的黏着性，最大限度地保护它不被海浪卷走，同时成功地避免敌人的捕猎。

藤壶的破坏性

藤壶虽然不起眼，但它对人类造成的危害却不容忽视。人类船舶的船底成为它们最爱的地方，因为航行的船舶让它们的滤食变得十分简单。但是一代又一代的藤壶附着在船底，让船舶变得越来越重，行进速度也变得越来越慢。如果藤壶附着在金属物上，则会破坏掉油漆的保护层，加速金属的腐蚀。此外渔网、码头、桥柱等都成了它附着的目标，这让人们非常苦恼。当然，人们也从藤壶的身上得到启示，着手研制能应用在各个领域的超强黏合剂。

产卵

幼虫

藤壶的生长过程

长大

寻找住处

分泌胶体固定

章鱼

章鱼的名字听起来像是鱼类，然而事实上，它是不折不扣的海洋软体动物，和鱼没有多大关系。章鱼有着与人类类似的发达的大脑，这让它们与其他的无脊椎动物相比更加聪明。章鱼的分布非常广泛，世界上热带及温带的海域都能见到它们。

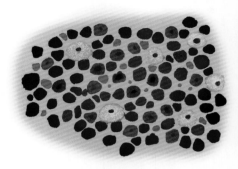

章鱼的色素细胞

伪装大师

章鱼的体表分布着一种色素细胞，每个色素细胞中包含红、黄、黑、棕其中一种天然色素，这些色素细胞会通过收缩来显现颜色。它时刻观察着周围的环境，并通过收缩自己体表的一种色素细胞来改变自己的颜色，以躲避敌人或捕捉猎物。

有危险，快跑!

章鱼的御敌方式十分有趣，当它受到攻击或者惊吓的时候，最多能连续6次喷射墨汁，墨汁会将周围的海水染黑，它就能趁着机会逃跑。章鱼逃跑的速度也很快，它通过自己皮肤上的褶皱吸入海水，再通过虹管向后喷出，产生的推力足以让它向前逃出很远。

章鱼喷墨逃跑过程

神奇的"预言帝"

这只名叫保罗的英国出生德国长大的章鱼，预测了2008年欧洲杯的6场比赛，以及2010年南非世界杯的8场比赛。海洋馆的工作人员将带有比赛双方旗帜的玻璃缸里分别放进一枚贝壳，保罗预测哪一方胜利就会吃掉相应玻璃缸里的贝壳。令人感到惊讶的是，除了2008年欧洲杯决赛外，其余13场比赛的结果都被保罗猜中，它也因此被人们亲切地称为"预言帝"。

章鱼保罗

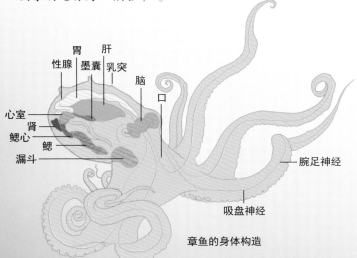

章鱼的身体构造

章鱼又被称作"八爪鱼"，主要得名于它细长的8条腕足。它的每条腕足上都有两排吸盘。吸盘不但能帮助它牢牢抓住猎物，还能让它在海底稳稳地走来走去。另外，打架的时候，它的腕足和吸盘也是很好的武器呢。章鱼的视力非常棒，而且它的大眼睛还能分辨颜色，它眼中的世界是五彩缤纷的。

聪明的大脑

章鱼被认为是智力最高的无脊椎动物，它们的身体结构让它们拥有出色的思维能力。除了拥有发达的大脑外，章鱼还拥有3个心脏、5亿个神经元以及两套记忆系统，其中一套由大脑独立控制，另一套与腕足上的吸盘相连，可以独立完成指令。因此我们经常能见到一些有趣的现象，比如有的章鱼会寻找椰壳做房子以及独立解决一些复杂的问题等。

乌贼

乌贼凭借自己墨囊中的一腔浓墨，成为海洋中当之无愧的迷惑敌人的高手，它因此也被人称作墨鱼、墨斗鱼。乌贼的身体分为头、躯干和足三个部分。与章鱼不同的是，乌贼有10条腕足，其中两条用于捕食的腕足比较长，另外8条腕足则比较短。

乌贼的头呈球形，位于身体的前端。乌贼的嘴位于头部顶端，周围长有口膜，10条腕足围绕在外侧。它的嘴里有角质颚，撕咬起猎物来毫不含糊。乌贼的10条腕足左右对称生长，腕足的末端是舌状的。乌贼躯干部分的外部是肌肉性的外套膜，外套膜下是比较坚硬的石灰质内壳，躯干部分包裹着的是乌贼的内脏。

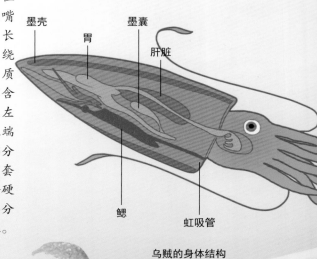

墨壳　胃　墨囊　肝脏　鳃　虹吸管

乌贼的身体结构

遇险跑得快

别看乌贼平时在水里是一副优哉游哉的样子，一旦遇到险情，它跑得比谁都快，就连爆发力超强的百米短跑冠军都追不上它呢。原来，乌贼有一套独有的动力装置，让它能在紧要关头获得逃命的速度。乌贼的尾部长有套膜孔，海水通过套膜孔进入，通过腹侧的漏斗管喷出产生动力。它靠着这种动力可以一次性前进大约50米。

乌贼逃跑过程

壮烈的生殖过程

到了生殖期，大群的乌贼会聚集在浅水区域求偶，雄性乌贼和雌性乌贼一见钟情后，雄性会从泄殖孔排出一个精囊交给雌性，雌性会将它与自己的卵囊结合，然后挂在海藻或木片上，让它自行孵化。这看起来是一个很正常的过程，但是令人惋惜的是，大多数的乌贼在交配后就会死亡，很多乌贼宝宝一出生就失去了自己的父母。

有毒的乌贼

火焰乌贼长得色彩斑斓，十分美丽，但是你知道吗？它是唯一一种有毒的乌贼，它美丽的颜色就是一种警告——我有毒，别碰我！科学家对火焰乌贼进行了毒理学研究，发现它的肌肉组织具有强烈的毒性，强度甚至可以媲美剧毒的蓝环章鱼。

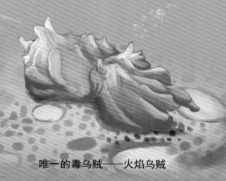

唯一的毒乌贼——火焰乌贼

乌贼的体内有一个墨囊，它分泌出来的墨汁全都储藏在这里。遇到敌人进攻的时候，它就会收紧墨囊，将里面带有毒素的墨汁尽数喷出，不但使海水变了颜色，毒素还能麻痹敌人，让它能顺利地跑掉。但是乌贼不到万不得已的时候是舍不得喷出自己的墨汁的，因为储藏一墨囊的墨汁对于它来说实在是太耗费时间了。

乌贼的卵

海 螺

海洋贝类在全球各大洋都有分布，其中以温热带地区居多，那里的海域气候温暖，阳光充足，能为它们提供多种多样的食物。同是作为软体动物的海螺，它的身体是它的软肋，因为实在太柔软了，很容易成为大型动物的猎物。为了生存，它们不得不躲在自己比较坚硬的壳里，尽可能地保障自己的安全。但是很多时候，外壳也不足以让它们自保，捕猎者总有自己的方法破坏它们的外壳，将它们拆吃入腹。

海螺贝壳

美丽的螺壳

海螺贝壳十分美丽，可以用来做饰品和工艺品。它的螺壳边缘的轮廓接近四方形，表面有些粗糙，质地比较坚硬，多数是褐色或者灰黄色的，也有一些长有美丽的花纹。每只海螺的外壳都整齐地排列着细沟和螺肋，这些特征都让它成为最天然的艺术品。

金斧凤凰螺

金斧凤凰螺

金斧凤凰螺外壳的花纹看上去光彩熠熠，十分华丽，不过，最有辨识度的要数它螺壳末端的指状突出，仔细观察，形状与斧头真有几分相似呢。金斧凤凰螺生活在热带和亚热带海域，足部比较窄，但是却很强壮，它非常擅长跳跃，最远可以跳出 10 米左右。

万宝螺

万宝螺是海螺中极具观赏性的品种，它的前端酷似嘟起的嘴唇，颜色鲜艳，富有光泽。万宝螺寓意吉祥，但数量稀少，并且捕捉十分困难，因此它成了海螺中难得的珍品，深受人类的青睐。

海螺的猎物

海螺等软体动物是海洋中的弱势群体，生性也并不凶猛，慢吞吞地徜徉在海底。对于它们来说，只有海藻和微小的生物吃起来方便，还不用耗费太多精力。令人意想不到的是，海螺们有时还爱吃棘皮动物。

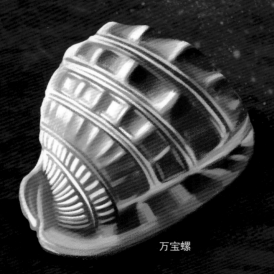

万宝螺

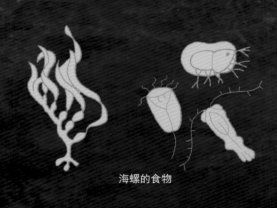

海螺的食物

女巫骨螺

女巫骨螺

女巫骨螺与其他的海螺比起来长相非常奇特，远远看去，它的外形酷似一根球棒。螺壳上还布满了长长短短的棘刺。这些棘刺让肉食捕猎者们十分头痛，它们一边觊觎着女巫骨螺鲜美的身体，一边却因为它的棘刺而无从下口。

唐冠螺

唐冠螺

唐冠螺在海螺中是大个子，它最爱吃的食物是海胆。它的样子看起来是不是很像唐朝僧人的僧帽呢？相传，它的名字就是这样来的。软体动物的身体通常是左右对称的，唐冠螺这种腹足类动物的祖先也是一样，但是经过长时间的进化演变，它们的身体在发育过程中发生了扭转，形成了不对称的体形。

砗磲

砗磲（chē qú）生活在热带海域，对珊瑚礁情有独钟。它属于双壳类动物，个头也是双壳类动物中最大的。砗磲的壳顶弯曲呈弧状，壳的边缘呈波浪状弯曲，且上下两壳大小相当。别看砗磲看上去灰扑扑的不怎么美观，其实我们生活中见到的很多名贵的工艺品可都与它大有关联呢。

被误解的砗磲

砗磲因为体形巨大常常遭受人们的误解，很多人认为它非常凶猛，具有攻击性，甚至说它是"食人蚌"，还有报道说有潜水员因为被它夹住手臂而葬身水下。这些罪名对砗磲来说非常冤枉，砗磲本身以藻类为主要食物，对人类根本没有任何威胁。另外，许多成年后的砗磲双壳很难完全闭合，即便是能闭合双壳，它还需要花上点时间排出体内的海水，才能用力闭紧双壳，这是一个看起来略显缓慢的过程，反应迅速的人类见势不妙早就躲得远远的了。

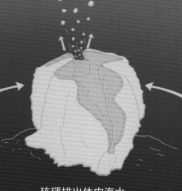

砗磲排出体内海水

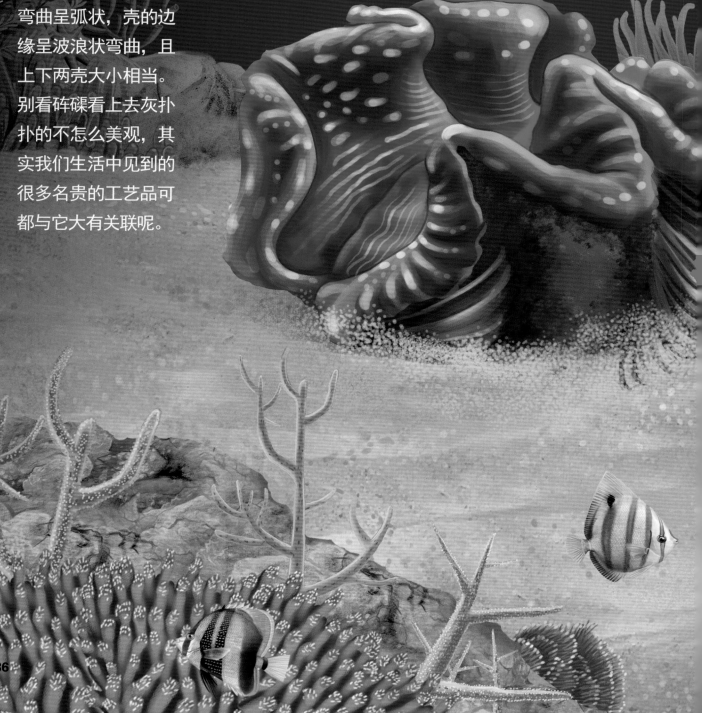

共生关系

砗磲与其他的贝类一样，通过吸收海水过滤其中的可食用物质。但大多数情况下，砗磲更依赖一种与它日夜相伴的单胞藻——虫黄藻。虫黄藻与砗磲达成互利共生的关系，一方面，虫黄藻借助砗磲外套膜边缘玻璃体聚合光线，进行光合作用，促进自身大量繁殖；另一方面，虫黄藻能为砗磲提供高质量的养料。就这样，砗磲不断地茁壮成长，并成为贝类里的老寿星。排除外力因素，健康的砗磲可以活到100岁。

砗磲

虫黄藻

表里不一

砗磲与很多贝类不同的是，它的外表看上去一团灰，长得一点儿也不美观。但是当它在海中张开外壳时，体内的色彩却绚烂多彩，并带有各种花纹，十分夺人眼球。可以说砗磲是外表低调，内涵华丽的典型，也是少有的"表里不一"的动物。

宝贵的价值

砗磲自古至今都深受人类喜爱，现已列入国家一级重点保护野生动物名录。一些清代官员顶戴上的珠子就是用砗磲做的。砗磲还有极高的药用价值，具有安神、镇定、降血压、强身健体等功效。另外，佛教中砗磲是驱魔辟邪的宝物，它也因此被称为佛教的七宝之首。正因为砗磲具有这些极其珍贵的价值，它们遭到了人类的大量捕捞，数量锐减，处境堪忧。

砗磲手串

清代六品官员顶戴上的珠子

番红砗磲是同类中颜色最鲜艳美丽的

牡蛎

牡蛎是非常常见的海洋生物，在世界上的分布非常广泛，种类也较多，总计有100多种。海上风大浪急，小动物们一个不小心就可能会被卷走。但是牡蛎这些小家伙却非常聪明，它们懂得将自己的身体固定在岩石上来抵御风浪，并从流经的海水中过滤食物，维持自己的生存。牡蛎肉质鲜美，营养丰富，是人类餐桌上的美食。因为有过度捕捞的危险，人类也开始对一些品种进行人工养殖，并取得了不错的成果。

疼痛的产物

对于珍珠我们都不陌生，珍珠是常见的有机宝石，它们圆润富有光泽，让人见之爱不释手。但是说起来有些残忍，珍珠其实是牡蛎疼痛的产物。沙砾或其他寄生物随着海浪进入了牡蛎的体内，异物的侵袭使它们柔软的身躯感到非常疼痛，它们不得不不断分泌一种珍珠质将异物层层包裹起来，日积月累便形成了珍珠。

牡蛎产珍珠

海底牛奶

牡蛎还被人类称为"海底牛奶"，可见它的营养价值有多么高。科学家研究发现，牡蛎的肉中含有大量的蛋白质和锌，以及多种维生素和矿物质，具有调理血压、美容养颜、强身健体等多种功效。

清蒸牡蛎

会游泳的小牡蛎

牡蛎的性别很奇怪，有雌雄异体也有雌雄同体。当繁殖季节到来的时候，雌雄异体牡蛎的受精发生在雌性牡蛎的体内，而雌雄同体的牡蛎则会将卵排在水中，完成受精。受精卵孵化后，变成了会游泳的牡蛎宝宝。经过两周左右的生长，牡蛎宝宝会选择岩石等地方将自己附着在上面，大约三天后，它就会失去游泳的能力，只能永久地固定生活了。

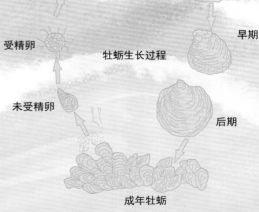

幼体

有足幼体

幼虫

受精卵

牡蛎生长过程

早期

未受精卵

后期

成年牡蛎

不要生吃牡蛎

生吃有风险

一些名著里有生吃牡蛎的说法，一些城市中的人和沿海的渔民们对此更是热衷，他们认为生吃牡蛎不但新鲜美味，还能最大限度地保留它的营养，对身体大有益处。然而美国食品药品监督管理局发布的一份警示却给了这些人当头一棒：牡蛎中可能含有诺如病毒和霍乱弧菌，生吃可能会遭受感染，造成肠胃不适、高烧、休克，甚至引起败血症。

鹦鹉螺

鹦鹉螺的名字非常特别，但是值得注意的是，虽然它的名字是鹦鹉螺，但它与鸟类中的鹦鹉并没有什么关系。鹦鹉螺是古老的物种之一，早在几亿年前就已经出现在地球上了，只是随着时间的推移和地质演变，现存的鹦鹉螺只余寥寥6种。鹦鹉螺的外壳光滑，十分美丽，因此深受广大爱美人士的喜爱。

复杂的身体构造

从外表看，鹦鹉螺的壳左右对称，看起来很简单，然而令人感到惊讶的是，它的壳竟然由大约36个腔室组成。这些腔室绝大多数都充满气体，只有位于最末端的壳室没有，这里空间最大，是它的躯体居住的地方。鹦鹉螺的各个腔室之间生有膈膜，由连室细管相连。

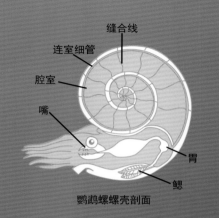

缝合线
连室细管
腔室
嘴
胃
鳃

鹦鹉螺螺壳剖面

连室细管：鹦鹉螺通过连室细管输送气体和海水，并借此来改变自己密度，让自己浮向水面或沉入水底。

触手：鹦鹉螺长有90只呈丝状或叶状的触手，主要用来捕食以及在水底爬行。每只触手的下方都有一个漏斗状的构造，能通过收缩肌肉排出水分，是鹦鹉螺移动身体的动力装置。

海洋中的活化石

鹦鹉螺被称为"海洋中的活化石"，这是为什么呢？原来，鹦鹉螺早在4.5亿年前的奥陶纪就已经出现在地球上了。但是在经过数亿年的进化和演变过程中，它的外形和习性几乎与出现时保持一致，变化甚微。唯一明显的变化是它的生活区域由最初的浅海转移到更深一些的海域。鹦鹉螺对生物进化、古代气候和生物的研究有着极其重要的价值。

鹦鹉螺的启示

我们不得不承认，许多生物与大自然的发展演变有着神秘的联系，比如树木的年轮可以计算树龄，还可以辨别方向。美国的两位地理学家发现，鹦鹉螺螺壳上的螺纹有许多隔，每隔上的波纹状生长线在相同的地质年代保持不变，但会随着化石年代的上溯而递减。而生长线的数量与中国农历的一个月的天数相同。

鹦鹉螺不但能帮助科学家揭示自然的奥秘，还能为人类带来启示。人类借鉴鹦鹉螺吸水下沉，排水上浮的方式，发明了第一艘核潜艇。1954年，世界第一艘核潜艇"鹦鹉螺"号在美国下水，与普通的潜艇相比，"鹦鹉螺"号装备更加先进，仪器更加精良，续航时间也更加持久。

海星

海星看起来就像是从天上掉进海里的星星，长相极具欺骗性，人们很容易因为它的外表和斑斓的色彩就忽略掉它捕食时残暴的样子。海星这种海洋生物十分特殊，它是没有脑袋的，只有从身体中间伸出的 5 条腕。然而，它的腕也不一定是固定的 5 条，有的品种只有 4 条腕，还有的品种能长 40 条腕。

分身有术

不少动物都有再生能力，也许你早已见怪不怪。但是海星的再生能力强得惊人，它的腕和体盘受到损伤后都可以自然再生。更为神奇的是，如果把海星分成几块丢入海中，每一块都能重新长成一只海星。甚至即便海星的腕只剩下一厘米，它也能重新生长完整。

海星的再生

192

嘴巴也是肛门

海星最与众不同的一点应该就是它的进食和排泄都是通过嘴巴来完成的，这听起来似乎让人难以接受。事实上，海星是没有什么粪便的，它们释放到体外的胃已经将食物消化得差不多了，它吐出来的不过是一些无法消化的硬物。因此除了少部分的种类之外，大部分的海星背部中央小小的肛门都已经退化了。

嘴

海星的嘴和肛门

大胃王

海星的消化系统很奇怪，它的身体里长了两个胃，这让其拥有了惊人的消化能力。它将自己其中一个胃释放到体外，包裹住用嘴吞不下去的食物，进行消化。有的食物没有完全消化也没有关系，它身体内的另一个胃可以继续完成消化任务。这种特殊的身体构造让它成为名副其实的"大胃王"。

海星进食

眼睛在哪里？

不论是上看下看还是左看右看，我们都无法在海星身上看到它的眼睛。但是实际上海星是有眼睛的，那么它的眼睛长在哪里呢？其实，海星的每条腕上都有由大量单眼组成的复眼，虽然没有晶体，但好在还是能模糊成像的。

监视器

海星的皮肤上长有许多微小的晶体，这些晶体就像一个个聚光的透镜。它们能与复眼联合行动，观察收集来自四面八方的信息，帮助海星及时掌握周边的状况，做出应对的策略。

海星的眼睛

海胆

看着这个小家伙是不是觉得非常眼熟？它长得是不是很像陆地上蜷起身子的刺猬呢？它的名字叫海胆，是海洋中的一种无脊椎棘皮动物。它柔软的身体外面包裹着一层由 3000 块小骨板组成的硬壳，硬壳上布满了长短不一的棘刺。另外，海胆壳上还有一些小孔，它的管足会从这些小孔伸出，帮助它们摄食和探索世界。

会动的棘刺

海胆的棘刺有长有短，长的能达到 10 ～ 20 厘米，短的只有 1 ～ 2 厘米。这些棘刺非常灵活，可以随意指向任何方向。如果用手触碰它的棘刺，其他棘刺就会向被触碰的地方聚拢，一些种类的海胆棘刺末端还长有毒囊，这些都能最大限度地保护海胆躲避敌人的袭击。值得注意的是，海胆的棘刺是中空的，很容易就会断掉，但是即便是棘刺断掉了也不用担心，它还可以再次生长出来。

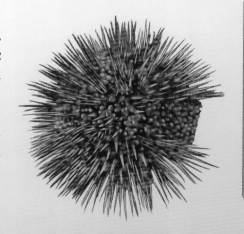

海胆的中空的刺

缓慢地移动

没有特殊情况的时候，海胆是不大乐意移动的，即便是移动，也是慢悠悠的。它们很随性，有时用管足抓住岩石，靠棘刺把身体抬高，以步带控制方向散步；有时会利用自己身体形状的优势滚着走；还有的时候，它们就是不想动，干脆没有目的没有方向地随波逐流。它的管足和棘刺非常有用，不但能帮助海胆移动，还能在它不小心翻转过去的时候将它翻正过来。

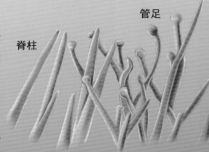

管足

脊柱

海胆的脊柱和管足

生殖传染

众所周知，有些疾病会传染，但是让人意想不到的是，海胆的繁殖也是会传染的。到了繁殖期的时候，只要有一只海胆把精子或者卵子排在水中，同一片水域的成年海胆们就像听到了广播指令一样纷纷排精或排卵。这种奇特的生殖现象被称为"生殖传染"。

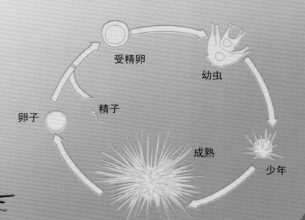

受精卵　幼虫　精子　卵子　成熟　少年

海胆的成长过程

性腺
肛门
肠道
大棘刺
管足
壶腹
口

海胆的身体构造

嘴在哪里？

海胆像一个刺球，它的棘刺将它包裹得严丝合缝，那么它有嘴吗？它的嘴在哪里？它又是怎样进食的呢？大多数海胆的口长在口面围口膜中央，还有一些海胆的口位于身体前端。别看它的口不起眼，它的口腔里长着非常复杂的咀嚼器，可以毫不费力地咀嚼食物。

海参

海参是世界著名八大珍品之一，它不仅仅是深受人类青睐的保健品，还是非常名贵的药材。它的身体呈筒状，身上长满肉刺，看起来十分奇怪。别看海参长得不太好看，却是非常古老的动物，它在6亿多年以前就已经出现在地球上了。为了能更好地生存，它还练就了一身随着居住环境的变化而改变自己身体颜色的本领。

夏眠

海参是非常敏感的动物，当周围环境出现变化时，不适应的海参就会及时做出应激反应。比如当温度达到20度时，海参会感觉非常不适，因此它们选择来到深海的岩礁处，找块岩石躲在下面开始夏眠。整个夏眠的过程会持续到秋后，在这个过程中它们不吃东西也不移动，以减少能量消耗。同时它们会将身体萎缩，并变得像石头一样坚硬，以保证它们在夏眠的时候不会被路过的敌人吃掉。

变成一摊水

如果幸运地捉到一只海参却没有及时处理，隔几个小时你会惊奇地发现，海参不见了，它所在的地方只剩下一摊水。你一定会以为它是偷偷跑掉了，那可就错了，那摊水就是海参变的。原来海参的体壁里有一种自溶酶，当环境不适宜或受到感染没有得到及时处理，它的体壁就会变形，自溶酶开始发生反应，溶解成胶体。

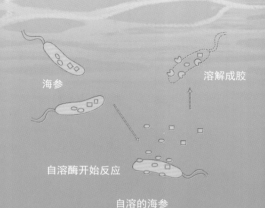

海参

溶解成胶

自溶酶开始反应

自溶的海参

多样的繁殖方式

海参历经数亿年没有从地球上消失，与它超强的繁殖能力是分不开的。繁殖期的海参一次排卵多达 500 万枚，能有效地保证自己种族的延续。另外，与许多动物不同的是，海参不但可以进行有性繁殖，还可以进行无性繁殖。也就是说，海参不但能够排精或排卵，还能把自己切断，经过几个月的生长，分别长成完整的海参。

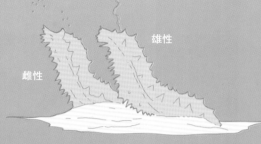

雌性　雄性

正在产卵的海参

潜鱼的避难所

潜鱼体表没有鳞片，身体又非常柔软，很容易成为其他动物的猎物。为了生存，潜鱼盯上了海参，并单方面与海参达成了共生关系，因为海参并没有获得任何利益。潜鱼会仔细观察海参排泄口的情况，然后顺着排泄口溜进它的身体里。一般的潜鱼都会和海参和平共处，然而地中海的潜鱼却不懂得感恩，它们饿了就会把自己寄身的海参内脏吃掉。

潜鱼

海参

潜鱼钻进海参体内

保命的本领

经历过漫长的进化，海参练就了一套保命的本领。首先，它会把自己的颜色变得与周围环境相适应，让敌人发现不了，从而顺利躲过一劫。但是如果被敌人发现，它会采取第二套方案"丢车保帅"，也就是一股脑把内脏丢给敌人，然后趁机逃跑。有时敌人并不上当，万般无奈的海参只好任由敌人咬上一口，只要能剩下头部或肛门，在适宜的环境中经过3~8个月的休养，它就又能生龙活虎地四处游走了。

海参头部

新海参

主体海参重新长成

三节海参

海参尾部

新海参

海参的再生

梅花参

梅花参是海参中个头最大的成员，最大的梅花参体长甚至可以达到 1 米。梅花参也叫凤梨参，因为它的外表很像一个凤梨，加上它背面生有呈梅花状的肉刺而得名。与其他的同类相比，梅花参长得似乎要美丽得多。由于梅花参是食用海参中的上品，嗅到商机的人们争相捕捞，造成它们的数量急速减少，濒临灭绝。

随机应变的梅花参

梅花参的身体构造非常简单，它的身体发达，却并没有大脑。但它们是动物界中优秀的"百变魔术师"：如果附近有美丽的珊瑚，它们就变成与珊瑚接近的颜色；如果附近是礁石，它们就将自己变成与礁石相近的颜色；如果它们的附近只有绿色的海藻，它就会毫不犹豫地把自己变成绿色；当然如果周围环境开阔，几乎没什么遮挡物，它就简单地把自己变成海底泥沙的颜色。

梅花参颜色变化多

梅花参

海参中的"美人"

梅花参背面是橙黄色或者橙红色的，零星散布着褐色和黄色的小斑点。它的背上长了许多大肉刺，这些肉刺每 3~11 个在基部相连，看起来就像一朵朵梅花。这些特点让梅花参看上去个性十足，并成为海参中不折不扣的"美人"。

对环境很敏感

梅花参进食非常简单，它不需要费力地捕猎食物，只需要吞入海沙，消化里面的微小生物就足够了。因此它对环境的变化非常敏感，一旦它所生活的海域出现问题，它的身体就会出现腐烂的现象，此时它可能会吐出内脏，这是它发出的环境出现问题的警示。当然，等它到了水质清洁的水域，内脏又会重新生长出来。

梅花参对环境敏感

水质不好，梅花参吐出内脏

巨梅花参

巨梅花参

巨梅花参是梅花参的一种，它与普通的梅花参在长相上有一点儿差别，它的后背长着许多疣状的足，以两侧的疣足较大，而普通梅花参身上显眼的花瓣状肉刺在它身上却不常见。

海百合

海百合的样子和它的名字一样美，人们很容易因为它的名字而将其归类为植物。可是实际上，海百合是货真价实的海洋棘皮动物。不但如此，它已经在地球上生活了5亿多年，比恐龙的出现还要早得多，是名副其实的海洋"古董"。因为它们颜色艳丽，与百合花的花朵样子相仿，故而被称作"海百合"。

海百合捕食时的变化

海百合的身体由许多像植物茎一样的腕足组成，不同品种的海百合腕足的数量也有所差别，有的海百合只有2条腕足，还有的海百合腕足多达200条。

海百合每条腕足的内侧都有一条步带沟，上面两列柔柔的羽状物是它的触手状管足，能分泌出抓捕猎物的黏液。

海百合的腕在捕食的时候是高高举起来的。小动物们很容易就被它迷人的色彩所吸引并不由自主地靠近，海百合就会趁机抓住它们美餐一顿。吃饱后的海百合会选择睡上一觉，这时它的腕会无精打采地下垂，看起来就像快要凋谢了一样。

站立在原地

曾经的海百合都长有柄，并终生固着在一个位置上生活。可是这样的生活并不安全，很多鱼群盯上了它们，它们的茎秆被鱼类残忍地咬断，"花朵"也被破坏得不成样子。但是有一些海百合却在这样恶劣的环境中生存下来，因为它们不是真正的植物，内脏又没有生长在茎秆上，所以不会致死。人们给这些失去茎秆的海百合起了一个非常好听的名字——海羽星。随着时间的推移，海洋中的海羽星越来越多，原始的海百合却越来越少，濒临灭绝。

海羽星

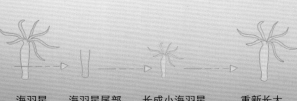

海羽星　　海羽星尾部　　长成小海羽星　　重新长大

海羽星的再生

自由行走的海羽星

　　海羽星是一种可以自由行走的海百合，与固着生长的海百合不同，它的底部只有弯曲的卷枝，用来抓住岩石，防止自己被暗流卷走。海羽星会微微抬起身体，利用腕足向前缓缓移动，即便是这样，它也只能短距离走动。海羽星有时也会游泳，这种情况一般发生在它遇到危险不得不快速逃命时。

　　大多数海羽星都是夜行性动物，它们白天躲在岩石缝隙里休息，晚上才会爬出来舒展身体捕猎食物。海羽星还具有很强的再生能力，即便它失去了部分或者整条腕足，也能重新再长出来，甚至有时就连失去了内脏也无所谓。

　　虽然我们现在看到的海百合美丽妖娆，年轻富有活力，但早在几亿年前，海百合就已经广泛生长在海洋中了。那时的海洋是它们的天下，随处都能见到它们的身影。

蛇尾

蛇尾与海星、海胆等动物一样，同属于棘皮动物，它的样子看起来与海星有些相似，但是蛇尾的腕相比较来说更加细长，并且更加柔软，容易弯曲。这些腕在蛇尾爬行的时候分工明确，帮助其灵活地运动。因为它们爬行时蜿蜒蠕动，像蛇的尾巴一样，因此被命名为蛇尾。

蛇尾的运动方式

蛇尾的腕上长了许多棘，这些棘能增大腕与海底的摩擦力。有时蛇尾会将一条腕向前，其余四条腕在后面辅助运动，有时蛇尾会将两条腕同时向前进，其余三条腕辅助运动，蛇尾的运动方式基本只有这两种。值得注意的是，蛇尾纤细的腕特别容易折断，但与其他棘皮动物一样，它的再生能力非常强大，即便它失去了体盘，也能重新生长出来。

蛇尾的运动过程

蛇尾和海星的区别

蛇尾属于海星亚门，长相与海星也极其相似，然而如果将海星与蛇尾放在一起，人们很容易就能发现两者之间的差别。

与海星相比，蛇尾的体盘更大一些，且腕与盘之间有着比较明显的交界。蛇尾的腕细长，有的要比它自身体盘的直径还要长很多倍，而海星的腕相对比较粗壮。蛇尾并不具备吸盘和步带沟等身体构造。

造型复杂的筐蛇尾

蛇尾的个头普遍小巧，但筐蛇尾是个例外，它的体重能达到 5 千克左右。筐蛇尾的长相非常独特，与一般蛇尾不同，它每条腕都分出了许多分支。白天的时候，它收缩着腕和分支，看起来就像一团枯树枝。但是夜幕降临后，它就开始渐渐舒展自己的身体，形成一个能滤水的"篮子"，海水流经后，小生物就被留在了"篮子"里。这时筐蛇尾会收起自己的腕，待找到安全的地方后，再慢慢享用自己的食物。

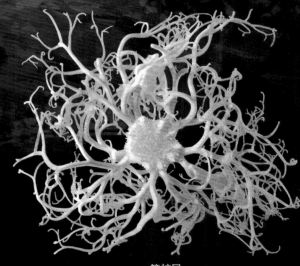

筐蛇尾

海鸥

　　海鸥是海边最常见的鸟类，我们时常能看到它们展翅飞翔或者成群休憩的身影。海鸥是候鸟，因此不一定非要来到海边才能见到它们，有时在一些内陆湖泊和河流也能发现它们的踪迹。海鸥的许多特性不仅能为航海的海员带来启示，还能在一定程度上为保护自然环境做出贡献。

海鸥追船

跟着船只飞

　　无聊的海上航行总能因为一群海鸥相伴而变得有趣起来。那么海鸥为什么喜欢追随着船只飞行呢？其实归根结底还是离不开一个"吃"字。乘风破浪的船只航行时卷起的浪花足以将小一点的鱼虾拍晕，追随着船只的海鸥们不费吹灰之力就能吃到美味的食物。另外，船只在航行时会产生一股上升的气流，想要偷个懒的海鸥们可以乘着气流省力地飞翔。

海边清洁工

　　海鸥对食物非常执着，因此食物丰富的海岸和港口等地方是它们最爱成群聚集的地方。它们从不挑食，可以吃鱼虾、螃蟹、软体动物，也可以翻垃圾桶寻找人类的残羹剩饭，大概只要是能吃的东西，它都会一扫而空。人们因此赋予了它"海边清洁工"的称号。另外，有一些海鸥十分调皮，它们有时会出其不意地抢夺在海边休息的游人手中的食物。

天气预报员

　　海鸥是非常优秀的天气预报员。当它贴着水面低飞的时候，预示着天气将会非常晴朗；当它开始不停地在海边徘徊，就表示快要变天了；当它到岸边躲起来或者纷纷从海面展翅高飞飞向岸边，就说明暴风雨快要来了。那么海鸥是怎样做到预知天气的呢？原来，海鸥的骨骼非常特殊，内里中空且充满空气，因此它们能敏锐地感觉到大气压的变化，并做出不同的反应。

冬羽和夏羽

　　因为海鸥候鸟的特性，导致它们的羽毛在不同的季节发生变化。成鸟海鸥的羽毛有冬羽和夏羽之分，冬羽和夏羽背部的颜色都呈石板灰色，区别就是它的冬羽头顶、头侧等处长有淡褐色的斑点，而夏羽的头颈部则全部都是白色。

海鸥的冬羽

海鸥的夏羽

骨腔

肺　气囊

气管　　支气管

海鸥的骨骼结构

信天翁

信天翁是栖息在海洋的一类大型的海鸟，它们的体长能达到 68 ～ 135 厘米，翼展能达到 178 ～ 350 厘米，是海鸟中名副其实的大家伙。别看它们身形巨大，看上去很有威慑力，实际上却是非常温驯的鸟类，因此很多信天翁也被人们昵称为"笨鸟"或者"呆鸥"。

滑翔冠军

信天翁素有"滑翔冠军"的美誉，因为它们善于飞行，并且拥有超强的滑翔本领。信天翁懂得巧妙地利用气流的变化来调整自己的飞行高度。值得注意的是，它们起飞必须借助逆风条件，有时风力条件不理想它们还会选择从悬崖边起飞。风力条件良好的情况下，信天翁可以在空中停留长达几个小时，并且丝毫不需要拍打大大的翅膀。然而，如果某一天天气太好，连一丝微风都没有，信天翁略显笨重的身体就无法飞上天空，这时的它们就只能老老实实在水面或陆地上活动了。

漂泊信天翁的滑翔过程

漂泊信天翁

漂泊信天翁是一种大型信天翁，它对海洋的感情十分深厚，一生有大约 90% 的时间都是漂浮在海上的。它的成熟期非常长，通常要到六七岁的时候才成年，成年后的它们开始繁殖，等信天翁宝宝们羽毛丰满就会开始漂泊在海上的一生。

专情的漂泊信天翁

漂泊信天翁对待自己的"婚姻"非常有原则性。当它们成年之后，会回到自己的出生地进行繁殖，但是与很多其他的动物不同的是，它们对寻找配偶这件事非常谨慎，通常它们会多方考察，觉得各方面都满意才会决定在一起。不同的漂泊信天翁会采取不同的方式向心仪的对象求爱。

当两只漂泊信天翁在一起之后，它们也不会急着"结婚"，而是会选择谈上一阵子恋爱，如果生活和谐才会正式进入婚姻。漂泊信天翁对爱情非常忠贞，除了极特殊的情况之外，它们一旦选择了自己的配偶就会相伴终生。

漂泊信天翁求爱

满满的爱

漂泊信天翁的专一还体现在繁殖后代上。它们每次繁殖只会产一枚卵，由夫妻双方共同孵化、共同哺育，把满满一腔的爱全部给了自己的宝宝。这些还不够，漂泊信天翁夫妻还会不辞劳苦地外出为宝宝寻找营养丰富的食物，直到它们的宝宝长大，而这时的漂泊信天翁宝宝甚至长得比它的父母都要强壮。

漂泊信天翁哺育宝宝

潜入水中

漂泊信天翁创造了不少世界之最。它们是世界上最大的海鸟，不但如此，它们还是世界上最会潜水的海鸟，最深可以潜到水下12米。

漂泊信天翁潜水捕鱼

鹈鹕

鹈鹕的四个脚趾间都有脚蹼，这让它们成为鸟类中的游泳健将，它们也因此在水中获取到了更美味的食物。当然，这样的本领在海鸟中并不稀奇，最让人感到稀奇的是鹈鹕的嘴，它的嘴长得实在是有些奇怪。鹈鹕的下嘴壳居然长了一个与皮肤连接着的喉囊，看起来就像一个超大的口袋，与它的身体不成比例。然而，千万不要小瞧这个"口袋"，对于鹈鹕来说，它的用处可大着呢。

预备，跳！

鹈鹕属于鸟类中体形比较大的种类，对于鸟类们来说，过于庞大的身体可能不利于飞行，然而鹈鹕对飞行这方面似乎并不觉得烦恼，能飞起来时就缓缓地起飞，不能顺利起飞就随遇而安地漂浮在水面上。当然，鹈鹕们大多数情况下都可以顺利飞起来，毕竟飞得高看得远，它们能利用自己锐利的眼睛观察水面并寻找食物。当发现放松警惕的小鱼时，它就会将翅膀向后收，然后跳入水中捕猎食物。

尾巴先出水

鹈鹕的大嘴使它们本身就有些头重脚轻，这种情况在捕食后更加严重了，因为此时它们的喉囊里装满了鱼和水。为了不让自己溺死在水里，它只好先将自己的尾部露出水面，然后是身体，最后再将头部拉出水面。这样还不够，它们还得将嘴里的水挤出来，因为相对食物来说，水要重得多。

到爸爸妈妈嘴里取食

鹈鹕夫妻非常恩爱，它们会共同孵卵、照顾鹈鹕宝宝。鹈鹕宝宝小的时候，鹈鹕妈妈和鹈鹕爸爸会将自己半消化的食物吐出来给它吃。等鹈鹕宝宝长大一些，它的爸爸妈妈就会在捕食回来后张开大嘴，让它在自己的喉囊中取食，直到它成长到能够独立寻找食物。

鹈鹕嘴对嘴喂宝宝

张开嘴捕食

鹈鹕们喜欢群居生活，当发现大批的鱼群时，聪明的它们会变换不同的队形对鱼群进行围剿，当惊慌的鱼群被追赶游到浅水区域的时候，鹈鹕们就会张开大嘴将它们吞入。这时，你就会发现鹈鹕的喉囊让它们的捕食过程变得简单了许多。它们只要连鱼带水一起吞入喉囊，然后再收缩喉囊吐出水就可以了。

鹈鹕进食

鸬鹚

　　鸬鹚和鹈鹕是近亲，是具有全蹼的鸟类。优越的身体条件让它们不但能在天空中自由地飞翔，还能深潜入水下快乐地觅食。值得注意的是，畅快淋漓的潜水活动会让鸬鹚从头到尾湿透，这时的它是无法起飞的，如果想要飞起来它必须张开双翅将自己完全晾干。另外，也有个别种类的鸬鹚在进化中渐渐失去了飞行的能力，只能在水中或陆地上生活。

会划水的翅膀

鸬鹚主要以鱼类为食，因此它们练就了一身优秀的潜水本领，最令人惊叹的是，它的翅膀不仅可以用来飞翔，在水中的时候甚至可以帮助它划水。鸬鹚游泳的时候主要还是靠脚蹼，但有时它也会用翅膀辅助脚蹼划水，加快自己的速度。鸬鹚捕鱼的时候常常把头探入水里，神不知鬼不觉地游到猎物的附近，伸出尖嘴一击即中。另外，鸬鹚的听觉十分敏锐，在能见度非常低的水域，敏锐的听觉能帮助它准确地确定猎物的方位。

鸬鹚潜水

弱翅鸬鹚

不会飞的鸬鹚

鸬鹚里有这样一个特殊的品种，它擅长游泳潜水，也拥有鸟类标志性的翅膀，但是却已经丧失了飞行的能力，它就是鸬鹚中唯一一个不会飞的品种——弱翅鸬鹚。

弱翅鸬鹚的祖先曾经也是飞行能手，只是当它们来到加拉帕戈斯群岛生活后，发现这里食物丰富，它们不需要耗费多少精力就能吃得饱饱的，这样安逸的日子让它们的翅膀逐渐退化变小，就再也飞不起来了。但是与之相对应的是，它们的腿脚发育得强壮有力，在水中能轻松地追上小鱼、章鱼等动物。

企鹅

　　企鹅是一种打破人类固定思维的鸟类。是的，企鹅是鸟，而且是不会飞的鸟。我们常常用"南极企鹅"来概括所有的企鹅，然而事实上企鹅并不只是分布在南极，南半球的其他地区也有分布。企鹅是优秀的游泳选手，它们能潜入水下快速而优雅地游动。可一旦回到陆地上，它们行走的速度就慢了下来，并且摇摇晃晃的，憨态可掬，十分可爱。

　　企鹅的眼角膜平坦，因此它在水面和水下都可以看见东西，它看到的影像可以通过双眼传递给大脑形成望远镜，最终产生望远作用。企鹅身体外层的羽毛非常浓密，并且重叠成鳞片状。有了这层"铠甲"，海水就无法浸透它的身体。企鹅身体里层则长着细密柔软的绒毛，能起到很好的保暖效果，即便是零下几十摄氏度也毫不畏惧。但是企鹅宝宝是个例外，它的绒毛并不防水，因此不能下水。

企鹅羽毛

辛苦抚养后代

繁殖期让企鹅夫妻变得十分繁忙和辛苦。生蛋需要经过一个多月的时间，这让企鹅妈妈的身体非常虚弱，且疲惫不堪。因此它急需去海里饱餐一顿恢复体力，这时企鹅爸爸就会贴心地承担起孵蛋的重任，等企鹅妈妈吃饱喝足回来，再换企鹅爸爸出去觅食。它们就这样轮流照看小企鹅，等小企鹅破壳而出后，企鹅爸爸和企鹅妈妈还要重复这样的觅食过程，共同抚养企鹅宝宝。然而，觅食的过程危险重重，企鹅爸爸或企鹅妈妈很可能一去就再也回不来了。

大多数的企鹅孵卵都是由夫妻共同完成的，但是帝企鹅是个例外。帝企鹅每次只产一枚卵，企鹅妈妈在产卵之后，就交给企鹅爸爸孵化，而自己则跋山涉水去海洋里觅食。企鹅爸爸非常爱惜自己的宝宝，它把蛋放在自己的脚上，用大肚皮遮盖住，低着头站得笔直，不吃不喝专心孵蛋，这一站就是 60 多天。直到企鹅宝宝破壳，外出回来的企鹅妈妈给企鹅宝宝喂食，企鹅爸爸才出去觅食。

企鹅孵蛋

企鹅出行妙招

冰雪路面又冷又滑，企鹅在上面走得左摇右晃，如果发生一些比较要紧的事情，或者需要远距离地行走，光靠两只脚奔跑不仅速度不够快，还非常累。为了加快自己的步伐，企鹅想出了一个绝妙的主意，它们有时会经过一段路程的助跑，然后腹部着地趴在地上，像雪橇一样向前滑行，让自己的出行省时省力。

贼 鸥

看贼鸥的体形，虽然不算巨大，靠日常捕猎食物就能满足自己需求了，但是它们却不这样认为，下海捕鱼，那多麻烦啊。听名字就能猜到，贼鸥可不是什么善良的动物，甚至非常惹人厌，它所在区域的小动物们都对它十分忌惮。

义务清洁工

越冬时节对贼鸥来说有些难熬，这个时候食物比较匮乏，贼鸥没有巢穴栖身，也不想飞到远一些的地方寻找食物。但是它们也有一个优点，那就是对食物并不挑剔，因此它们可以吃鱼虾，可以吃鸟蛋，可以吃动物的尸体，甚至还可以吃动物的粪便和人类丢弃的垃圾。这在一定程度上起到了清洁海滩的作用，人们称之为"义务清洁工"。

贼鸥进食

飞在空中的惯偷

贼鸥的羽毛洁净，眼睛又圆又亮，看上去神采奕奕。然而它空有一副看似正直的皮囊，却是臭名昭著的"空中强盗"。因为它们不但抢夺其他鸟类的食物，甚至连人家的蛋和幼崽也不放过。贼鸥的视力很棒，即便在空中盘旋，它们也能及时发现各种突发状况，如果这时其他鸟类中有大鸟外出觅食，它们就会偷偷摸到大鸟的鸟巢中，把蛋或雏鸟吃掉。

筑巢？那多麻烦

　　贼鸥的懒在动物界赫赫有名，它们觉得自己筑巢又累又麻烦，反正别的鸟儿的巢又柔软又舒服，索性就抢来自己住了。要是人家的鸟蛋和雏鸟恰好还在巢里，它就毫不犹豫地饱餐一顿，然后明目张胆地栖息在里面。贼鸥很识时务，如果鸟巢的主人软弱可欺，它就毫不留情地将主人赶走；如果鸟巢的主人十分凶猛，它就灰溜溜地逃跑。

贼鸥偷别的鸟的鸟巢和鸟蛋

企鹅的死对头

　　海豹和贼鸥是企鹅的两大天敌，虽然弱肉强食一直是自然界的生存法则，然而相比较海豹，贼鸥做的事就太过分了。贼鸥自觉自己不是成年企鹅的对手，于是就开始朝企鹅蛋和未成年的小企鹅下手。它们趁成年企鹅不注意，将企鹅蛋和小企鹅一股脑儿吃个干净。这种破坏企鹅繁衍的行为直接导致企鹅幼崽存活率降低，是导致企鹅数量减少的一个重要因素。

贼鸥袭击企鹅幼崽

215

军舰鸟

　　全世界已发现的军舰鸟共有 5 种，包括大军舰鸟、小军舰鸟、白腹军舰鸟、白斑军舰鸟和丽色军舰鸟。大自然中有一个奇特的现象：很多动物长得美丽显眼的都是雄性，雌性相比较来说反而不太起眼。军舰鸟也是如此，雄性军舰鸟因其鲜红色的喉囊而非常具有辨识度，它体形较大，通体黑色，羽毛带有华丽的金属光泽。反观雌性军舰鸟就要朴素得多，它的胸腹部为白色，羽毛也没有什么光泽。

千万不能下水

　　水对于军舰鸟来说就是一个魔咒，它虽然需要盘旋在水面上寻找食物，但是却万万不能潜入水下，因为军舰鸟不能分泌将羽毛与水隔离的油脂，并且腿脚纤细没有脚蹼，一旦落水，基本上就是有去无回。

筑巢产卵

　　结为夫妻的军舰鸟开始准备筑巢产卵，它们分工明确，雌鸟负责寻找树枝，雄鸟则负责搭建鸟巢。但是军舰鸟喜欢集群生活，筑巢用的树枝明显供不应求，它们也常常会因为一根树枝而大打出手。有了自己的房子后，雌鸟就安顿下来产卵了，这时雄鸟不但要负责寻找食物，同时还要帮助雌鸟孵卵。小军舰鸟要靠父母照顾一年左右才能独自生活，这期间军舰鸟非常忙碌，它们不但要寻找食物，也要防止外敌侵犯，甚至还要时刻警惕同类吃掉自己的宝宝。

海上的强盗

军舰鸟也被称作"强盗鸟"。其身体构造不适合潜入水中捕食，因此它们只能吃一些在水面上发现的鱼虾贝类。水面上的食物毕竟不多，于是军舰鸟会骚扰已经捕食到食物的其他鸟类，抢夺它们的食物。

独特的"气球"

雄性军舰鸟的喉囊在平时都是皱缩着的，这种状态一直持续到繁殖期，直到它有一天终于遇到了心仪的雌军舰鸟。雌鸟吸引了很多雄鸟的目光，为了能得到雌鸟的青睐，雄鸟便会使出浑身解数以求将其他同类比下去。它们不停地发出各种声音，做出各种动作，最重要的是大口吸气，让自己的喉囊膨胀到最大。这是求偶中最行之有效的方法，膨胀的喉囊在雌鸟看来非常迷人，因此喉囊又大又红的雄鸟最容易打动心仪的雌鸟。

水母

水母是海洋中十分常见的浮游动物，它的身体结构非常简单，像透明而美丽的降落伞漂流在海洋中。不少品种的水母颜色鲜艳或带有美丽的花纹，作为自然界中的生物，鲜艳的颜色大多是一种警示，它们往往带有一定的毒性，并以此告诫其他生物不要轻易侵犯。

构成水母身体的主要部分是水，它有内外两个胚层，两个胚层中间生有很厚的中胶层，能起到漂浮的作用。水母身体伞状的部分被称作"钟罩"，内部的中央腔相当于它的内脏器官。流苏一样的触手上遍布含有毒素的刺细胞，能帮助它麻痹捕捉猎物，另外这些触手还是它的消化器官。

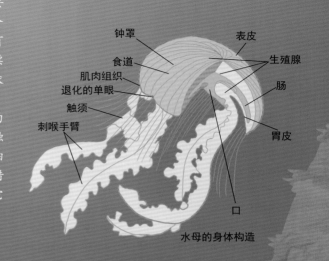

钟罩　表皮　生殖腺　食道　肌肉组织　退化的单眼　肠　触须　刺喉手臂　口　胃皮

水母的身体构造

水母怎样运动?

水母的运动方式非常有趣,有时它并不太想运动,就随着洋流随意漂浮;有时它非常确定自己的目的地,这时它就会伸展自己的钟罩吸入足够多的水,然后再慢慢收缩钟罩,将水排出体外。排水时会产生一股推力,水母就借着这股推力向相反的方向前进。另外,如果水母想要改变方向,只要借助自己的触须就能完成了。

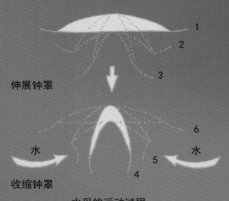

伸展钟罩

水 水

收缩钟罩

水母的运动过程

水母杀手

澳大利亚箱形水母是水母中心狠手辣的杀手。它触须上的刺细胞中储存着剧毒的毒液,短时间内就可以致人死亡。无意的轻触就足以让澳大利亚箱形水母发动攻击了,有时它们甚至还会主动攻击人类,十分可怕。

应对风暴有妙招

水母是有"耳朵"的,它的耳朵就是位于触手中间细柄上的听石。千万不要小瞧这粒小小的听石,它能接收到海浪和空气摩擦的次声波,这让它能预知到十几个小时后即将到来的风暴。水母的体内有一种能产生一氧化碳的腺体,能使它的"小伞"膨胀起来。当风暴快来临的时候,它会放掉自己的气体,沉入海底;等风暴过去后,它又能为自己充气漂浮起来。

野村水母

野村水母

野村水母是世界上现存的体形最大的水母,虽然它的毒性并不那么剧烈,但却在其他方面为人类带来了困扰。野村水母的大量繁殖和活动让渔民十分头痛,它们不但吃掉大部分渔网里新捕捞的鱼,还会在撕扯中破坏掉渔网,给渔民带来了很大的经济损失。

野村水母的繁殖能力惊人,即便被杀死抛回海中,它们也能立即排出精子和卵子受精繁殖。

澳大利亚箱形水母

珊 瑚

在美丽的海底世界中，珊瑚就是小鱼们的乐土，华美的珊瑚和五彩缤纷的小鱼相映成趣，构成了一幅梦幻般的画面。珊瑚最早出现在约5.4亿年前，是非常古老的动物，因其绚丽的色彩和富有艺术感的造型成为非常珍贵稀有的艺术品，在人类世界中具有很高的收藏价值。

多样的繁殖方式

珊瑚的繁殖能力非常强，遗传具有多样性且繁殖时不会伤害母体。珊瑚膈膜上长有生殖腺，能产生精子和卵子，与其他珊瑚的精子和卵子结合成受精卵后，通过口排入海中。刚孵化的珊瑚幼虫是可以四处游动的，一段时间后，会选择固体附着在表面生长发育。另外，珊瑚具有很强的再生能力，掉落的部分可以与其他珊瑚形成新的族群，还可以通过"发芽"的方式繁殖。

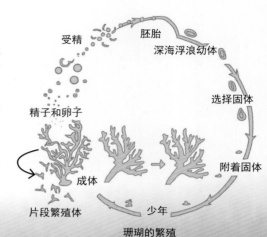

受精　胚胎　深海浮浪幼体　选择固体　附着固体　少年　成体　片段繁殖体　精子和卵子

珊瑚的繁殖

世代累积

珊瑚多呈树枝状，然而这样在人类看来一目了然的形态，却是珊瑚虫经过几百年甚至千万年的累积而形成的。当珊瑚虫还是一只白色的小幼虫的时候，就已经固定在祖先的骨骼上了，它的子孙也会坚持不懈地堆积，珊瑚最终变成了人们如今看到的样子。即便已经足够美丽，但是孜孜不倦的珊瑚虫子孙们仍会继续追随着自己的先辈，将它们的"事业"坚持下去。

脑珊瑚

气泡珊

珊瑚虫和虫黄藻
是共生关系

当海水温度升高或
污染时，共生关系
就会变得紧张，虫
黄藻就会离开

没有了虫黄藻，珊
瑚失去了食物来源
和艳丽的色彩

珊瑚的养料

在珊瑚的内部，生长着一种神奇的微小生物体——虫黄藻。这些小家伙能通过阳光的照射来中和溶解海水里的二氧化碳，从而生成糖分来维持自己的生存。因为珊瑚的主要食物来源都是依靠虫黄藻的溶解过程，所以珊瑚礁基本只长在清洁、水浅以及阳光能照射到的海水中。

虫黄藻

白化珊瑚

因为全球变暖，海水温度升高，生活在珊瑚里的虫黄藻被高温大量杀死。没有了虫黄藻的帮忙，缤纷多彩的珊瑚无法转化吸收养分，它们开始脱色，变成了苍白、病态的"白化珊瑚"，慢慢走向死亡。

珊瑚的种类

我们常见的珊瑚可以分为软珊瑚和硬珊瑚两大类。硬珊瑚的内骨骼富含石灰质，是巨大珊瑚礁的组成部分。软珊瑚看起来柔弱无骨，但事实上它们也具有内骨骼，只是它们的内骨骼非常柔韧，这让它们看上去甚至比随风摇曳的花朵还要姿态迷人。

红珊瑚

珊瑚进食的时候将食物送入口中，消化不了的食物残渣也会从口排出体外。珊瑚的身体有外胚层和内胚层两个胚层，中间夹着没有细胞结构的薄薄的中胶层。软珊瑚只有8只触手，而硬珊瑚的触手则多达12个，甚至更多。虫黄藻与珊瑚互利共生，虫黄藻为珊瑚提供能量，珊瑚保护虫黄藻，并为它提供二氧化碳和营养。珊瑚的骨骼富含碳酸钙，质地比较坚硬。

触手

口

中胶层
外胚层

内胚层

珊瑚的身体构造

海葵

植物的出现为荒芜的大陆带来生机，绽放的花儿则让世界变得更加多彩美丽。对于幽暗的海洋来说，海葵就是让它变得多彩绚丽的花朵，虽然这样美丽的花朵并非植物，而是一种腔肠动物。外表美丽的海葵非常具有欺骗性，它看起来软弱可欺，实际上却是心狠手辣的捕猎者。

简单的感觉

海葵的感觉非常简单原始，它的每一条触手在进行过实际的接触探索之后，都能对环境做出准确的判断，甚至能准确地区分自己触手上抓着的物品是否能吃掉。但是有趣的是，这样的信息却不能传输到其他触手那里，于是我们有可能会看到这样的现象：海葵的一条触手会拿起不能食用的物品，判断一阵子后放回去，其他一无所知的触手会重复这个拿起再放下的动作。

海葵和小丑鱼是好朋友，它们可以互惠共生。

222

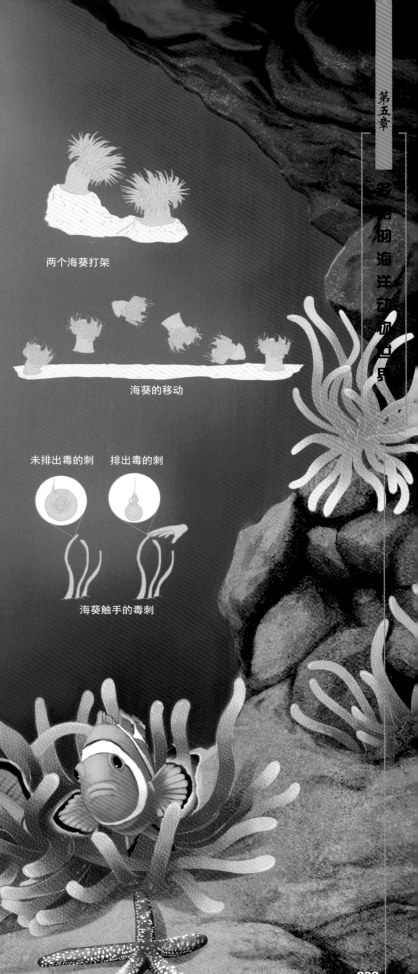

海葵也会打架

　　大部分的海葵都喜欢独自生活，它们之间也会因为争夺地盘而发生肢体冲突。如果双方属于同一个繁殖体系，它们很容易就会相认然后握手言和。如果双方不属于同一个繁殖体系，它们会在碰触对方的触手后，展开一场激烈的厮杀，并伺机用毒刺互相攻击，直到其中一方被打败。失败的海葵会逃跑寻找藏身所避难，实在没有办法还会浮起身体，任由海水把自己冲走。

两个海葵打架

海葵会移动吗？

　　海葵喜欢搭寄居蟹的"顺风车"四处溜达，那么除此之外海葵自身会不会移动呢？一般情况下，海葵都是固定在一个地方生活的，但有时它们也许觉得生活太枯燥了，就会懒洋洋地活动活动筋骨，它们可以慢慢地向前滑行，也可以靠触手支撑着翻滚移动，还可以做短距离的游泳锻炼。

海葵的移动

有用的触手

　　海葵口的周围长着一些触手，根据品种不同，触手的数量也有所不同，少则十几条，多则能达到上千条。它们像花瓣一样轻轻摇曳，非常美丽。有趣的是它们大多呈6的倍数多环排列，非常有规律。当然，这些触手可不是海葵为了美观而生长的，而是有很大的用处。海葵触手上遍布有毒刺丝的细胞，当碰巧有猎物送上门来的时候，它就发射刺丝麻醉猎物，然后用触手送入口中。

未排出毒的刺　　排出毒的刺

海葵触手的毒刺

多样的颜色

　　海葵的颜色很丰富，红色、绿色、白色、粉色……争奇斗艳，美丽妖娆。但是海葵的颜色不仅仅来源于自身，还和与它们共生的藻类有关。这些共生藻不但能为它们供给养料，还能让它们更加多姿多彩。

海笔

海笔是一种非常美丽的珊瑚纲动物，喜欢生活在温暖海域的沙、土质底层。海笔与许多它的近亲一样，虽然是动物，看起来却与动物没有相似之处。海笔的造型非常有个性，它长得几乎与古老的蘸水羽毛笔一模一样，它的名字也因此而来。

海笔的身体构造

在海底摇曳的海笔非常喜欢独自生活，但是在显微镜下观察就会发现，海笔的上部是由千千万万的水螅虫群居组成的，它们形成了海笔羽毛状的羽枝。大多数的海笔都呈羽毛片状，但也有一些呈网状的圆柱体。海水流经过后，海笔喜欢的有机物质就会被它们留下并消化掉。

耀眼的强光

鉴于自己只能固定生活，海笔进化出了足以自保的本领——发出耀眼的强光。它们的体内有复杂的"电池"，能帮助它们发光。这种光让不怀好意的敌人头晕目眩，一分神就被海浪冲走了。还有一种海笔报复心理很强，它发出强光把周围的环境都照亮，让敌人无所遁形，眼睁睁看着凶猛的捕食者把自己吞入腹中。

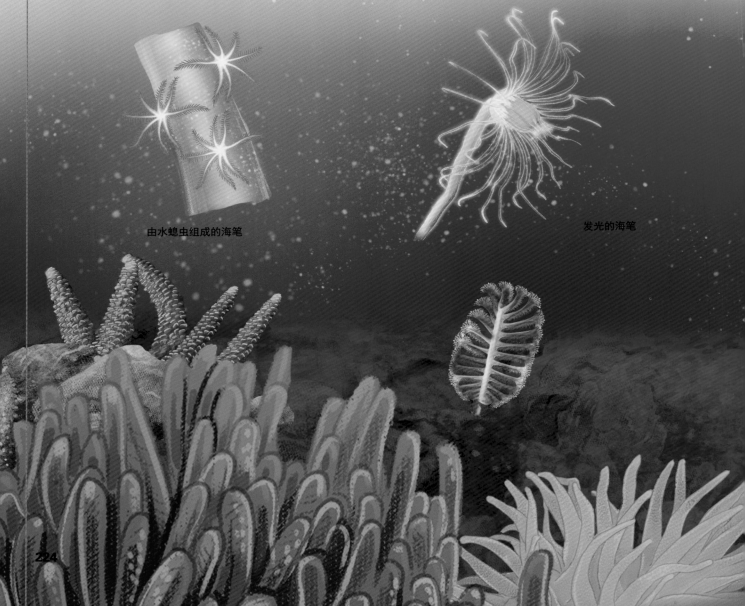

由水螅虫组成的海笔

发光的海笔

另类的生活环境

多数的海洋生物都喜欢生活在水流平缓的海域，那里生活相对安逸，食物也非常充足。但是海笔却非常另类，它们更喜欢水流强大的地方，因为能把身体固定在泥沙中，它们丝毫不用担心自己被激流卷走，而强大的水流带来的浮游生物也足以维持它们的生计。

海笔的躯体由可以膨胀和收缩的钙质针骨组成。海笔的身体整体呈现轴对称，关于主干对称的两侧长着毛茸茸的羽枝。海笔的中央茎呈圆柱形，中央茎的下部深入泥沙中，将海笔的身体牢牢固定住，即使海浪激荡也不会将它连根拔起。

海笔被海浪冲击

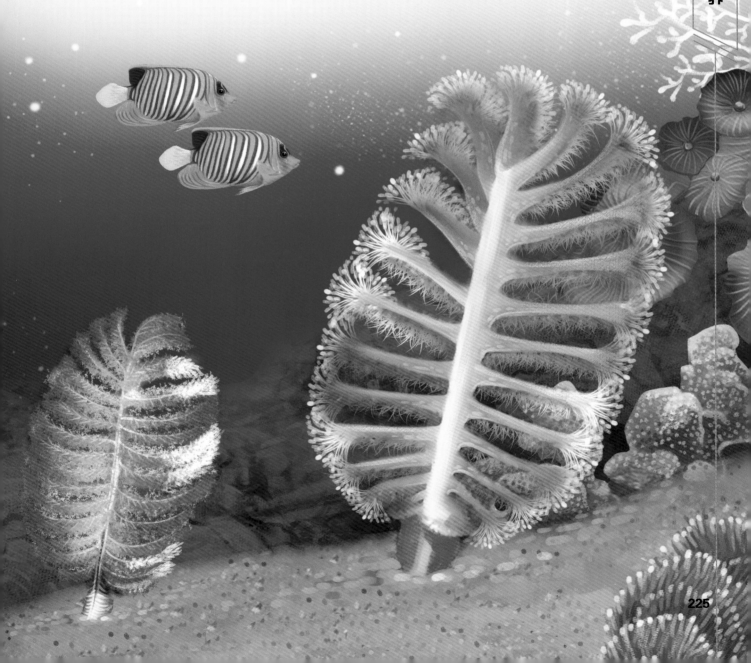

海 绵

海绵是我们生活中常见的东西，它质地柔软，吸水性特别好，因此用途非常广泛。但是你知道吗？这个海绵与海洋里的天然海绵可不是同一种东西，我们常用的海绵是仿照天然海绵的特性制造出来的，甚至连名字都是"借用"的。天然海绵也不是植物，而是一种颜色缤纷且富有生命活力的动物。

偕老同穴

海绵很喜欢和其他生物共生，而共生的生物里，最特别的要属一种成对生活的小虾了。这对小虾在很小的时候就进入海绵的体内了，等它们长大以后却因为个头变大而无法离开，只能在海绵的身体里度过一生直到死去。海绵很照顾这对小家伙，为它们提供养料，让它们不用为生计发愁。知恩图报的小虾们也会为海绵清理身体内部的脏东西，让海绵保持清洁和健康。

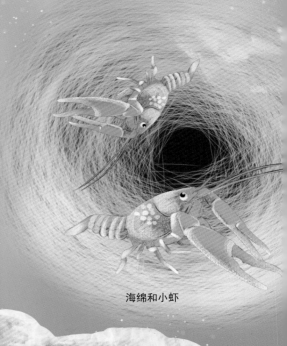

海绵和小虾

226

天然滤水器

　　海绵的表面长了很多扁平的大孔，这些大孔的周围长着数以亿计的小孔，海水从小孔进入，流经身体再从大孔排出。在这个过程中，海水中的细小有机物和氧气会被海绵的身体过滤吸收，同时，它产生的废物也会随着海水排出体外。海绵的过滤功能在为自己带来食物和能量供给的同时，还能使周围水域的水质变得清洁，是保护环境的小帮手。

再生术

　　海绵家族的体系十分庞大，除了与正常的生殖有关外，还离不开它异常强大的再生能力。如果把海绵撕碎扔回海里，过一段时间就会发现每一片碎片都奇迹般地长成了一只独立的海绵。这看起来似乎与海星一类的棘皮动物一样，并没有什么特别。但是科学家们的试验彻底颠覆了人类的认知，他们把黄海绵和橘红海绵彻底捣碎，并把它们的细胞悬液混合在了一起。一段时间后，令人难以置信的一幕出现了：两种海绵的细胞按照各自的品种聚合在一起，重新进行排列，变成全新的黄海绵和橘红海绵。这样超强的再生术让其他生物望尘莫及。

⑦ 重新长大　　① 完整的海绵

⑥ 形成海绵　　② 遭破坏，成为碎片

⑤ 大量聚合　　③ 碎片更小

　　　　　　　④ 细胞集群

海绵的再生术

简单的身体构造

　　海绵虽然是多细胞动物，但是身体构造却异常简单，它没有头，没有躯干，没有尾巴，没有内脏，更没有神经和器官。海绵的身体只是由内外两层细胞组成，这些细胞因为机能和构造不同而互相区别开来。海绵也因此不具备行动的能力，它只能选择物体固定在上面或者随着水流四处漂泊。

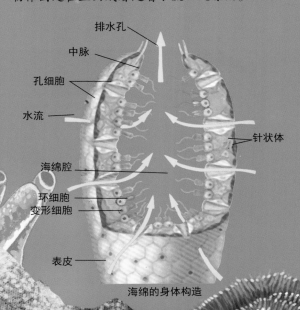

排水孔
中脉
孔细胞
水流
针状体
海绵腔
环细胞
变形细胞
表皮

海绵的身体构造

海鞘

海鞘是动物长得像植物的典型，目前人类已知的海鞘品种已经达到了1200多种，每一种海鞘都有自己独特的颜色和形状，它们有的像蔬菜，有的像水果，还有的像花朵……姿态各异，个性十足。海鞘的分布范围非常广，从温带到寒带，从浅水区到深海底，几乎都能见到它们摇曳的身影。

有趣的繁殖方式

海鞘是雌雄同体动物，但因为条件限制不会自体受精。一般来说，它们的繁殖也需要经过精子和卵子结合，变成受精卵孵化这样的繁殖过程。但不同的是，有的海鞘还可以通过发芽的方式繁殖。它们身上会长出一个芽体，这个芽体慢慢长大，然后脱离母体变成一个全新的个体固着生活。

受精　胚胎　精子卵子　浮游幼虫　幼虫　芽　新海鞘

海鞘的繁殖

简单的身体结构

海鞘的身体结构非常简单，它们中的大多数都长有两个孔，进水孔用来吸水，出水孔用来排水。海鞘的咽喉叫围鳃腔，中间有网状的鳃孔。它们进食的时候，海水通过进水孔吸入，流经围鳃腔到达鳃孔，鳃孔会将有用的食物颗粒留下，把没有利用价值的海水通过出水孔排出体外。

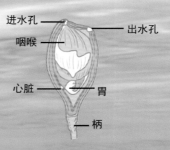

海鞘的身体构造

逆行变态

很长一段时期里，海鞘都被归类为无脊椎动物，直到 19 世纪，科学家在研究了海鞘的胚胎后才确定，它们其实是一种低等的脊索动物，只是它们的发育方式有些特别。当海鞘还是个宝宝的时候，长得与蝌蚪十分相似，这时，它的尾部有脊索，并具备神经管。但是这种自由活动的状态持续的时间极短，它很快就会沉入水底固着在其他物体上。这时它开始了一系列逆行变态：如脊索消失，神经管退化成神经节等。

成年海鞘　　蜕变　　蝌蚪形幼虫

海鞘的逆行变态

开管式血液循环

在脊索动物中，海鞘的血液循环方式是绝无仅有的，它有着独特的开管式血液循环系统，它的血管并没有动脉和静脉之分。令人不可思议的是，它的血液可以每隔几分钟更改一次血液流向，真正实现了血液的双向流动。

顺流

逆流

圣诞树蠕虫

圣诞节到来的时候一定要点缀一棵圣诞树才有欢乐的节日气氛。但是你一定想象不到，在热带海洋静谧的海底，即使圣诞节还没有来到，也有许许多多的小"圣诞树"，它们小巧玲珑，五彩斑斓，十分可爱。事实上，它们是环节动物门多毛纲的动物，被人称"圣诞树蠕虫"，因为长得像一棵棵迷你的圣诞树而得名。

海洋中的"含羞草"

含羞草受到碰触后会迅速收拢自己的叶片，过一会儿又会自己恢复原状。圣诞树蠕虫就像生活在海洋中的"含羞草"，它生性敏感，一点点风吹草动都能吓到它，甚至看到自己的影子也能被吓一跳。圣诞树蠕虫有一种类似含羞草一样的防御机制，当受到碰触时，它会以超乎想象的速度缩回自己的洞穴中，直到确认安全后，它才会慢慢舒展身体出来。

收缩

多功能"羽毛"

虽然圣诞树蠕虫个头儿不大，但因为它的形状和多彩的"羽毛"而非常显眼。这种羽毛状的螺旋并不是为了美观和展示自己，而是一种高度进化的口前叶触须，上面遍布着羽毛状的辐棘，可以帮助圣诞树蠕虫捕食，还可以用来呼吸，因此辐棘也被称为它的鳃。圣诞树蠕虫是完全滤食性动物，小颗粒的食物只要触及它辐棘上的纤毛就会被牢牢抓住送进嘴里。

成双成对的"树"

　　圣诞树蠕虫的"树冠"呈螺旋状向上生长，我们常常能看到并排生长的两棵"圣诞树"，但是值得注意的是，这两棵"树"其实同属于一只蠕虫。圣诞树蠕虫整体个头儿不大，仔细观察就会发现，它的"冠"上密布着许多颜色各异的"羽毛"。千万不要小瞧这些"羽毛"，它们可是"圣诞树蠕虫"重要的器官呢。

住在珊瑚里

　　想要发现圣诞树蠕虫的踪迹，到珊瑚丛寻找概率会大一些。因为它们非常喜欢与珊瑚生活在一起，并且依赖珊瑚安家落户。它们会在珊瑚上钻一个小洞，将自己嵌在里面，然后不断分泌钙质形成一个管子作为自己藏身的住所。大多数情况下，它们的入住并不会对珊瑚造成伤害。

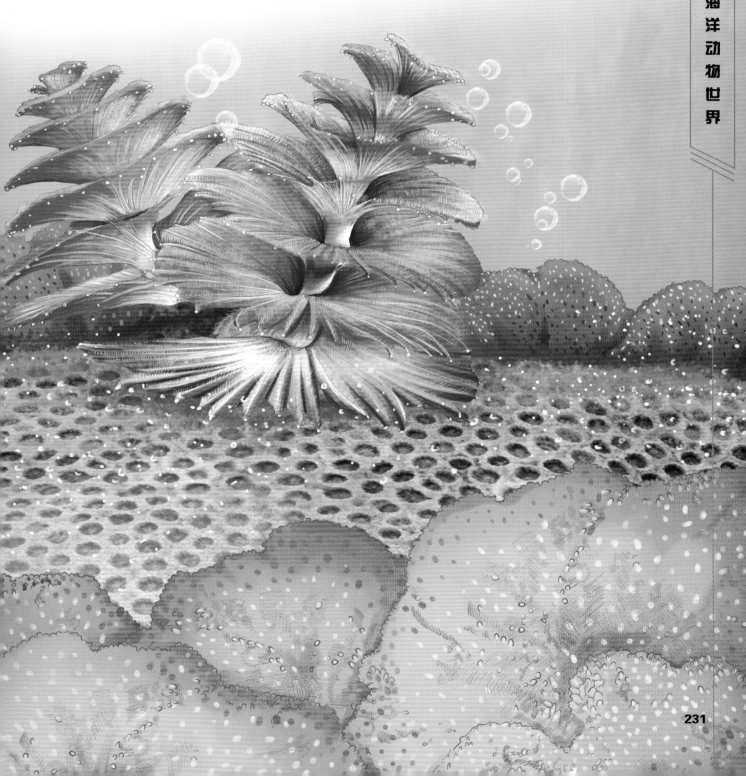

第六章
丰富的海洋
植物世界

红树林

生长在热带、亚热带海岸潮间带的红树林素有"海上森林"的美誉。它时而是一道道绿色长城，顽强抵御强风和海浪对海堤的侵袭；时而化身为养料宝库，为万千海洋生物供给食物；时而充当温馨又充满爱的庇护所，让活泼好动的海洋精灵们栖息玩耍。

排盐功能

尽管一直生长在海水中，红树植物却一点也不怕涝，因为它们的叶片拥有特异功能——排出盐分。而且，红树植物具有明显的"耐旱"特点。肥厚的叶子、叶面上下陷的气孔等，都可以很大程度地减少水分蒸发。

胎生

因为长期生长在一个高度缺氧且高盐度的环境中，一般的种子根本难以发芽。于是，红树植物拥有了令人惊讶的"胎生"的繁殖方式。在长成小树苗前，这些种子会一直依附母体生活。

红树植物的种子下端很尖，这方便它们脱落时顺利插到树下的软泥中。如果落地成功，几个小时后，这些树苗就能长出侧根，牢牢固着在滩涂上，拥有自己的一片小天地。如果着陆失败，它们就会随水漂流，直到2~3个月内在其他合适的滩涂"安家落户"为止。

强大的根

红树植物之所以有这么强的生命力，很大一部分原因来自那错综复杂的根系。数十条支柱根和板状根像三脚架的柱子一样支撑着"身体"，而露出水面的呼吸根则使它们能进行正常的呼吸活动。

动物之家

红树林已经形成了一个完整的生态系统和食物链。在这个动物乐园里，每个动物都有属于自己的生活方式。

长鼻猴

有些地区红树林的树冠层还生活着长鼻猴。它们聪明机智，经常趁退潮时跑到泥地上搜寻招潮蟹和弹涂鱼。不过，危险总是无处不在。偶尔，长鼻猴也会变成湾鳄等更强大的捕食者的腹中餐。

极速闪电侠

翠鸟被亲切地称为红树林里的"原住民"。它们平时看起来非常好静，喜欢一动不动地端坐在树枝上。可是，一旦水中有鱼儿现身，翠鸟就会犹如一道闪电迅速将猎物生擒。为了避免进食时猎物动来动去耗费时间，它们一般会想办法将猎物摔晕。

盾牌勇士

招潮蟹是红树林中十分常见的动物之一。退潮时，它们就会像拿着盾牌的勇士一样，挥舞着大螯，跑到淤泥中左翻翻、右挖挖，寻找果腹的食物。

攀爬高手

茂密的红树林中，时常有弹涂鱼出没。这些小家伙是鱼类中的攀爬天才，可以利用腹鳍、胸鳍攀树。最特别的是，它们还能长时间离水生存。

庞大的树种家族

红树林家族里大约有80种"成员"，它们或结伴而生，混居在一起；或各自为阵，独自发展成一大片密林。依据生长特性以及分布特点，人们将红树林植物分为真红树植物、半红树植物和伴生植物三类。

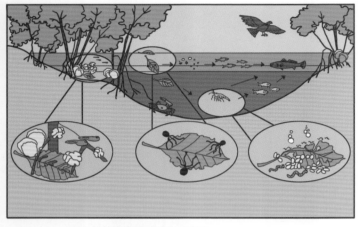

红树林生态系统结构示意图

真红树植物

真红树植物指的是那些只能在潮间带生长繁殖的树种，它们大都具有为适应环境而演化出的气生根及胎生现象等。

水椰果实

红树

树形奇特的红树是驻扎在中潮带滩涂的"守卫军"，耐盐能力极强，被视为热带海滩护岸、防潮以及绿化的较好树种之一。

白骨壤

白骨壤的生命力极其顽强，即使在最恶劣的条件下也能扎根。污水横流、沙石密布以及极端的气候对它们来说根本不值一提。

角果木

多生长在中高潮带滩涂的角果木是较耐盐的红树植物之一。不过，因为缺少能支撑的支柱根，这种红树植物对海水和风浪的抵抗力有些弱。

水椰

在一些咸水、水相交的河口以及滩地区，我们时常发现水椰的身影。们常形成纯林，具超强的抗风浪能力。

半红树植物

半红树植物是一种两栖植物,既能在潮间带、海滩生存,又能在陆地环境中繁殖,生命力非常旺盛。

伴生植物

伴生植物偶尔出现在红树林的"队伍"中,有时会被高潮浸淹到。它们一般生长在红树林的边缘或内缘,通常被认为是红树林的非典型种类。

银叶树

银叶树树形美观,有着看似十分夸张的板状根,多分布在高潮线附近的潮滩内缘。

水芫花

别看水芫花个子矮矮的,它们可是十分稀有的植物,一般只生长在高潮线附近的珊瑚礁、石灰岩缝隙。

木麻黄

木麻黄是红树林最好的合作伙伴,它们经常与红树林成员一起抵御强风对海岸的冲击。

马鞍藤

马鞍藤是典型的海岸植物,从高潮线附近一直到潮上地带都有分布。这种叶子形似马鞍,花朵如同喇叭的漂亮植物可以在泥质土壤中生长,经常像头兵一样出现在红树林的内缘。

海洋藻类

　　广袤而深邃的海洋里，生长着种类繁多、千姿百态的海洋植物。其中，低等的海洋藻类植物是这片神秘世界最庞大的一族，多达 8000 种。它们大小相差悬殊，有的以微米计量，有的却能长到二三百米长。尽管模样各异，但它们都是海洋生态系统中不可缺少的组成部分，更是海洋赐予人类的宝贵财富。

不同的生活方式

　　在漫长的演化过程中，海洋藻类为了适应环境变化，根据自己的特点形成了各种生态类群。人们根据其特点，将它们分为浮游藻类、底栖藻类和漂浮藻类三大类。

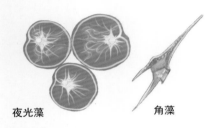

夜光藻　　　　　角藻

海带

马尾藻

浮游藻类

　　浮游藻类的个体非常微小，用肉眼很难清晰地看清它们的结构。但是，它们却是浩瀚海洋中最不能忽视的一个群体，因为这个大家庭是海洋初级生产力的重要组成部分，维持着很多海洋动物的生活。所以，它们才有了"海洋牧草"的美誉。

底栖藻类

　　一些底栖藻类喜欢固着在岩石、沉船以及绳索等物体上。它们那灵活的主干和叶状藻体随着水流摇曳生姿。有些藻类还特意配备了可以充气的浮囊，以便尽可能地靠近水面，吸收阳光。

漂浮藻类

　　漂浮藻类是一种特殊的群体，它们能漂浮在海上，也能在急流中生活和繁殖。

简单的构造

海洋藻类基本没有根、茎、叶的区别，看起来就是一个简单的叶状体。它们中的一些成员体内除了含有叶绿素外，还含有辅助色素，因此才会呈现出不同的颜色。

光合作用

海洋藻类是一种低等自养型植物，身体的各个部分都能吸收阳光和周围的养料，利用光能将水和二氧化碳转化成糖类，促进自己生长，同时释放大量氧气。

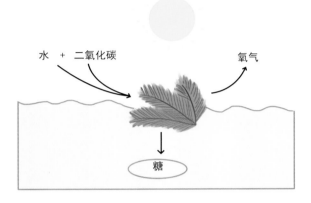

海洋藻类的光合作用

维管束结构

维管束结构存在于植物的茎、叶等器官里，是蕨类植物、被子植物、裸子植物等植物的维管组织。虽然海带等藻类有近似根、茎、叶的分化，但因为不具备维管束结构，所以并不是真正的根、茎、叶。

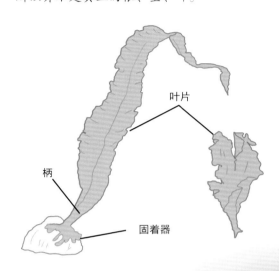

叶片

柄

固着器

褐藻

褐藻是藻类家族中一个相对高级的群体，所有成员都是多细胞体，绝大部分生长在广阔的海洋里。在低潮带或低潮线以下的岩石上，我们时常能发现它们的身影。

巨藻

巨藻的生长速度很快，每天可以生长 60 多厘米，能长到 300 米长。而且，它的寿命非常长，可达 12 年之久。所以，人们称它为"海藻王"。在一些水质清澈的海域，巨藻形成了壮观的海底森林，吸引了上百种不同的海洋动物前来觅食、栖息。

固着器 ——

巨藻有一个如同船锚的爪子状结构，这是它牢牢固着在海床上的秘密武器。这个结构看起来与根类似，却不具备吸收营养物质的功能。

鲍鱼

看似不具杀伤力的鲍鱼其实是巨藻的敌人，因为它们会一点点地蚕食巨藻的"根"部，让它们彻底失去支撑。

美丽的突额隆头鱼

240

巨藻林是海蜗牛的乐土。只要它们顺利寄居在此，丰富的巨藻叶片就成了这些小家伙享之不尽的美食。

巨藻林最可怕的天敌是海胆。这群贪婪的家伙的旺盛食欲往往让茂盛的巨藻林变成一片荒原。

值得庆幸的是，巨藻林周围生活着很多恪尽职守的侍卫——海獭。它们对海胆情有独钟，经常会跑到水下捕猎，把海胆带回水面放到圆滚滚的肚子上，然后用石块敲开那长满棘刺的外壳品尝美味的海胆黄。

为了防止自己被水流冲走，聪明的海獭会用海藻将自己缠绕住。

裙带菜

裙带菜外表酷似鸟类的羽毛，特别漂亮。它们多分布在暖温带海域，尤其在风浪较大的低潮线以及附近的岩石、石沼中比较常见。

墨角藻

为了适应复杂的环境，生长在海岸岩石上的墨角藻练就了一身的生存本领。当潮水退去，它们体内会分泌出一种黏液，保持自身的湿润；当潮水上涨，那特别的"皮肤"则能帮助它们抵御风浪的侵袭。此外，墨角藻还能分泌毒素。这让很多饥肠辘辘的海洋动物无可奈何。

海蜗牛是为数不多的敢于挑战墨角藻的动物之一。只不过它们深知适可而止的道理，从不贪食，不然过量的毒素就会让它们失去性命。

海蛞蝓

显鲉

海带

海带多生长在低温海底的岩石上，身体柔软得就像一条褐色的带子。当海流缓缓经过时，它们便会跳起欢迎的舞蹈。大多数海带是自然生长的，可长到 2～3 米长，15～20 厘米宽。而温差、光照等不同原因导致海带的成熟期也有先有后。

团扇藻

畅游在热带、亚热带海洋中，我们时常能发现一种类似小扇子的植物，这就是团扇藻。它们一簇簇的静静地生长在海底，很是特别。

绳藻

绳藻既没有艳丽的外表，又没有茂盛的"枝叶"，远远看去犹如一根根笔直的绳子插在水中。

红藻

红藻是一种拥有光辉历史的古老生物，早在 14 亿年前就出现了。发展到现在，这个大家庭的成员已经多达 3700 种，其中约有 3500 种生长在世界各地的海洋里。

天敌

色彩亮丽的鹦鹉鱼是珊瑚藻的夺命杀手。它们那如闸刀一般的牙齿可以轻易咬断粗硬的珊瑚藻。成片的珊瑚藻时常被这些家伙一扫而光。

珊瑚藻

在海中漫游，我们偶尔能在岩石或珊瑚礁上看到一些美丽的"石头花"。它们一簇一簇的，无声无息地绽放，点缀着湛蓝的海底世界。这些"石头花"看似像珊瑚，却含有植物才有的叶绿素，是植物家族中红藻大军的一员。它们就是珊瑚藻。

剃刀鱼拥有巧妙的变色本领，经常在珊瑚藻周围出没

海索面

与其他红藻类"伙伴"相比，海索面的模样着实有些特别。紫红的体色，圆柱形的"身躯"，柔软黏滑的质地让它们看起来像极了口感极佳的彩色面条。而且，海索面没有或只有少量分枝。现在，它们多生长在海水汹涌的中潮带岩石上。

石花菜

徜徉在绮丽的海底世界，人们偶尔能在礁石上发现一大片颜色艳丽的植物——石花菜。石花菜属于一种多年生藻类，一般能长到 10 ～ 20 厘米。它们通体透明，长着很多小树枝一样的分枝，摸上去有果冻般的美妙触感。

紫菜

紫菜在红藻中的知名度最高，是人人皆知的海洋植物明星。它们生长在浅海岩石上，日日与海水相伴。尽管自然生长的紫菜在南北半球都有分布，但因为需求量巨大，现在的紫菜多是人工养殖的。

海索面不会一直保持紫红色，"年老"以后，它们原本漂亮的藻枝就会变得发黄发暗。

多管藻

多管藻的身影遍布世界各地的沿海地带，平时多生长在低潮带岩石或一些大型藻类身上。这种红藻有很多羽毛状的细小分枝，给人一种毛茸茸的感觉。

海门冬

海门冬是红藻中"优雅"的典范。羽毛状的分枝层层叠叠，多个藻体簇拥在一起，宛若轻柔羽毛组成的工艺扫帚。

生长在珊瑚藻丛中的宝石海葵

绿藻

与其他藻类相比,绿藻的"个头儿"明显小了很多。不过,绿藻却是一个庞大的家族,成员多达6000种。它们多生长在淡水环境中,只有一少部分生活在无边无际的海洋里。

伞藻

伞藻是一种模样精致的单细胞绿藻。它们的身体分为"帽"、柄以及假根三部分,远远看去好似一把把舞动的小伞,漂亮极了。伞藻多隐身在热带和亚热带海水中,一般情况下,人们只有在中低潮带那些覆盖着泥沙的岩石或贝壳上能找到它们。

繁茂的伞藻既为海蛞蝓等海洋动物提供了食物,又为它们创造了小憩、漫步的乐园。

孔石莼

孔石莼也叫海莴苣、海白菜,是海洋中十分常见的绿藻之一。它们易于繁殖,生命力十分旺盛,常在中、低潮间带形成如"翡翠"般的巨型"绿毯"。

蓝藻

蓝藻又叫蓝绿藻,为单细胞生物,是所有藻类中最原始、最简单的一种。早在33亿～35亿年前,这种古老的生物就已悄悄在地球上留下了闪亮的足迹。别看蓝藻不起眼,它可是最早的光合放氧生物,堪称造就地球有氧环境的大功臣。

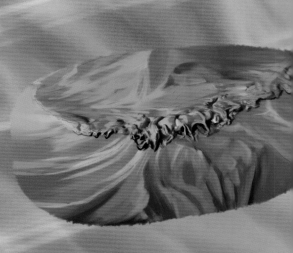

束毛藻聚集的海面

束毛藻

束毛藻体内富含藻红素。当这些微小的伙伴们大量聚集起来时,海水就会被"乔装"成红色。

显微镜下的束毛藻

显微镜下的原绿球藻

原绿球藻

原绿球藻的直径只有0.5微米,是目前已知的最小的光合作用生物。作为海洋的基础生产者,它们拥有一支难以计数的巨型"军团"。

硅藻

硅藻同样是制造海洋有机物质的一类微小的初级生产者,大的有1~2毫米,小的仅有几微米。人们只有借助显微镜才能一睹它们的芳容,领略其各种花纹和图案的惊世之美。牡蛎、鲻鱼等海洋生物是硅藻的忠实"食客",依靠吞食硅藻为生。

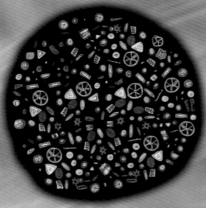

显微镜下各种形态的硅藻

鲻鱼

鲻鱼

鲻鱼的生命力非常顽强,能适应各种环境,这很大程度上依赖于海洋中丰富的硅藻和有机碎屑。

其他藻类

　　海底世界是海洋动物们的天堂，同样也是海洋植物们的乐土。在浩瀚的海洋中，红树林、红藻、绿藻等只是海洋植物的一部分，还有更多有趣的植物等待我们去探索。

螺旋藻

　　螺旋藻是蓝藻的一种，它的样子虽然不为人熟知，但是它的名字却被人们口口相传。这些小小的植物仿佛有一种魔力，为人类的健康和保健做出了杰出的贡献。螺旋藻是一种呈螺旋状的藻类，看起来很不起眼的它们，却浓缩了几乎人类需要的所有必要的营养,堪称"营养宝库"。

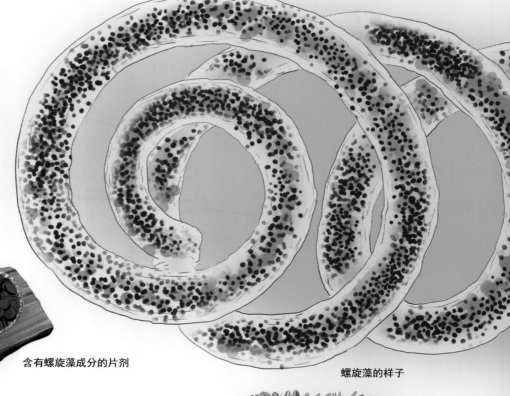

螺旋藻的样子

含有螺旋藻成分的片剂

刺松藻

　　暖温带海域中、低潮带的岩石上常能见到一种树枝状的海藻，这就是刺松藻。它的枝子像鹿角一样，非常漂亮。沿海地区的人们常常采集刺松藻的幼体食用，因为它富含蛋白质、矿物质和膳食纤维等，具有很高的营养价值，同时兼具很好的药用功效。

绿毛藻

　　绿毛藻的样子是对它名字最好的诠释，它像一丛丛绿色的发丝在水里飘摇，因此人们也叫它"发丝藻"。绿毛藻体内含有让草食性鱼类害怕的毒素，但却乐意为一些有益的甲壳类动物提供滋生地，这样的选择很是特别。

赤 潮

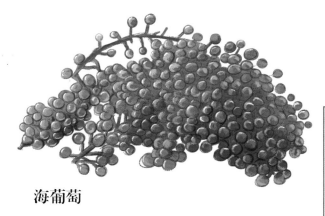

海葡萄

长茎葡萄蕨藻因为长得像一串串晶莹剔透的绿色葡萄而被人们称为"海葡萄"。海葡萄的营养非常丰富，且口感鲜美，鲜嫩多汁，因此还有"绿色鱼子酱"之称。著名的"长寿乡"冲绳的原住居民经常采摘海葡萄食用，人们普遍认为这与长寿有关，海葡萄也因此成为畅销品，为当地带来巨大的经济效益。

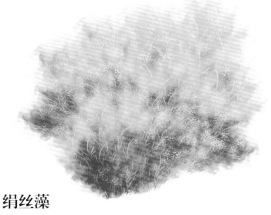

绢丝藻

绢丝藻是藻类中的"美人"，它的藻体柔软，呈直立状分枝生长。最令人过目不忘的是它那热烈的红色，远远看去，它就像一丛鲜艳的玫瑰，成为海洋中美丽的点缀。

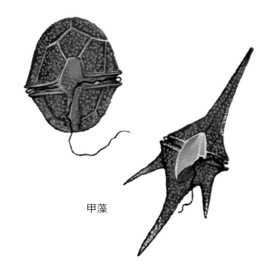

甲藻

甲藻

甲藻这种植物很特别，它由许多长有双鞭毛的单细胞组成，但奇怪的是，它的形态是多样且不固定的。甲藻的分布比较广泛，即便在淡水区域和寒冷地区也能生存，当光照和水温适宜的时候，它们会通过细胞分裂的方式疯狂地繁殖，成为海洋生物们喜爱的食物。但是值得注意的是，死亡的甲藻是形成赤潮的主要元凶之一，造成了大量海洋生物的死亡。

第七章
海洋资源与利用

海洋的馈赠

　　广阔而神秘的海洋是一个巨大的资源宝库，它一直在以自己的方式源源不断地给予人类。数不胜数的生物，储量丰富的矿产，甚至是阳光明媚的沙滩……无不倾注着这位人类"母亲"的博爱和无私。我们感恩这些馈赠，更珍视这些宝藏。

生物资源

　　美丽的海洋从地球生命诞生开始，从未停止过孕育万千生物的脚步，素有"生命摇篮"的称号。直到现在，海洋中的生物总量仍然占地球生物总量的87%，种类达20多万种，这其中就包括我们熟知的各种海洋植物和海洋动物。

北海道渔场

　　千岛寒流和日本暖流的交汇，让北海道渔场的浮游生物异常丰富。于是，很多海洋鱼类聚集在此，尽享美食。作为世界第一大渔场，北海道渔场盛产鲑鱼、狭鳕、太平洋鲱鱼、远东拟沙丁鱼、秋刀鱼，等等。此外，北海道的蟹类也是世界知名的美食。

繁忙的渔场

花咲蟹

矿产资源

海洋中的矿产资源特别丰富。除了陆地已有的一些资源外，还有很多陆地没有的稀有矿藏。受现有科技水平的限制，目前人类在海洋中发现的矿产主要有煤炭、石油、天然气、铁、砂矿、热液矿藏、可燃冰，等等。其中，石油和天然气的资源储量就接近世界可开采量的50%。

石 英

石英是滨海砂矿的主要产物之一。这种美丽的矿产被广泛应用于航天、电子以及机械等产业。此外，在玻璃、陶瓷和一些耐火材料的制作上，石英都是不可或缺的重要原料。

海洋能源

广阔无垠的海洋蕴藏着巨大的可再生资源。人类经过努力探索，已经逐步认识并开发出了海水温差能、潮汐能、波浪能、海流能以及盐差能等海洋能源。这些清洁能源既可再生，又不污染环境，具有非常广阔的发展前景。相信随着科学技术的发展，它们将更大程度地取代一些常规能源，为人类造福。

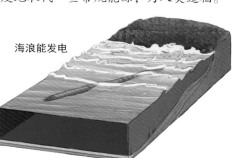

海浪能发电

有关调查显示，全世界海洋的波浪能可以达到20亿千瓦

海洋空间资源

世界人口的不断增长、膨胀，为地球陆地空间带来了很大压力。于是，人类将目光转向了辽阔的海洋，逐渐向海面、海中以及海底进军，开发并利用各种海洋空间。这为人类生存和发展带来了新的希望。

跨海大桥

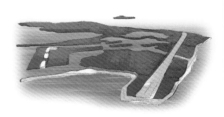

海上机场

人造岛

海洋食物资源

　　海洋就像一个巨大的食品厂，时时刻刻为人类提供可口的美味。让人垂涎欲滴的"鲍参翅肚"、鲜嫩无比的海鱼、丰富多样的虾蟹、各具特色的养生"蔬菜"……每一种都凝聚着海洋的味道。正是因为它们的存在，我们的多样饮食文化才得以有今天的繁荣成就。

海 鱼

　　肉食鲜美的海洋鱼类已经陪伴人类走过了几千年，直到现在，它们仍然是人们餐桌上常见的食材。据统计，每年全世界所捕捞的海产品中约有90%是鱼类，其中有1500多种可供人类食用。

鲍参翅肚

　　鲍参翅肚指的是鲍鱼、海参、鱼翅、鱼肚这四味海鲜。自古以来，它们就被认为是菜中极品，一直位居美食排行榜的前列。随着人们生活水平的提高，鲍参翅肚已不再是饮食上的奢侈品，而且人们对其也有了新的认识。

野生鲍鱼大都生活在水温较低且水质清澈的海底，它们营养丰富，肉质鲜美，素有"海洋软黄金"的美称。

鲑鱼

鲑鱼也叫三文鱼，是一种具有洄游习性的鱼类。它肉质紧致，富含不饱和脂肪酸，能有效降低胆固醇，预防一些心血管疾病。

由鲑鱼卵制成的鱼子酱

鱼翅是用鲨鱼鳍中的丝状软骨加工而成的一种海产品，味道比较鲜美。过去，人们一直认为鱼翅的营养价值极高，争相购买，以至于给鲨鱼带来了灭顶之灾。随着更多关注动物保护团体的建立以及人们思想意识的转变，鲨鱼得到了很好的保护。

鲑鱼

鲳鱼

身体扁平的鲳鱼全身覆盖着细小的鳞片，在阳光的照射下会闪闪发光，非常漂亮，所以鲳鱼是水族馆十分受欢迎的鱼类之一。另外，它们鲜嫩的鱼肉中含有大量的蛋白质、不饱和脂肪酸和微量元素，深受人们喜爱。

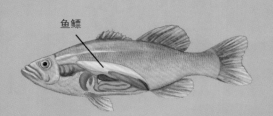

鱼鳔

鱼肚

鱼肚实际上就是鱼鳔干。它富含胶原蛋白，具有很好的食疗作用。

石斑鱼

太平洋和印度洋的一些热带海域生活着暖水性鱼类——石斑鱼。它们又短又粗的身上布满了斑点，背上长着长长的尖刺，大大的头上有两片厚嘴唇和一双格外凸出的眼睛。石斑鱼体内含有大量的虾青素和胶原蛋白，可以做成多种美味。

255

虾 蟹

除了各种各样的鱼类，海洋还将另一类美食——"身穿铠甲"的虾蟹赐给了人类。它们的肉质口感不输鱼类，鲜美程度不逊于贝类，因此一直是人类餐桌上的"常客"，人们舌尖上的"宠儿"。

海虾

海虾营养丰富，味道鲜美，素有菜中"甘草"的美称。常见的海虾主要有龙虾、对虾等。这其中，最负盛名就要数龙虾了。它们色彩斑斓，体大肥美，备受美食爱好者的青睐。

虾姑

在热带和亚热带的一些海域，我们可以见到另一类硬壳美食——虾姑。虾姑的肉质松软且易于消化，具有很好的滋补功效，尤其适合身体虚弱的人。

螃蟹

中国向来有"螃蟹上席百味淡"的说法，这足以表明肉美膏肥的螃蟹胜过其他山珍海味。中国的螃蟹种类有600种之多，其中常被端上餐桌主要是花蟹、梭子蟹和青蟹3类。

海 贝

海贝曾经是古老先民们的一种货币，现在，它不仅成了一种让人难忘的美食，其贝壳还被制作成各种精美的工艺品，有的还能制药。

扇贝

扇贝因外壳形似一把扇子而得名。这种贝类大都在幽深的海底过着群居生活，只有少数成员居住在浅海。现在，人们所吃的扇贝以人工养殖为主。在东西方的各类菜谱中，我们都能见到扇贝的身影。

蛤蜊

蛤蜊多隐藏在一些泥沙海岸附近，早在古代就常被人们捡来制作成开胃菜肴。它富含钙、铁、锌等微量元素，而且物美价廉，可以说是难得的平民美食。在中国青岛，蛤蜊与啤酒更是被称为餐桌上的"黄金搭档"。

海藻

辽阔的海洋不仅为万千动物提供了生存空间，更为一些"海洋蔬菜"构建了生长的乐园。也许与那些肉质肥美的鱼类和虾蟹相比，海藻等海洋蔬菜并不起眼，可细细品味之下，你就会知道，这些来自蓝色海洋的"蔬菜"散发着与众不同的香气。

紫菜

紫菜的种类繁多，但大都分布在浅海潮间带的岩石上。这种含碘量很高的海洋蔬菜，在 1000 多年以前就被人们列进了营养食谱。现在，它已经成了人们预防高血压、癌症等病症的"明星菜"。在韩国和日本，紫菜已是家家不能缺少的一种食材了。

海带

海带是一种大型褐藻，因富含碘质，素有"碱性食物之冠"的美称。营养学家经过研究表示，海带的热量较低，富含矿物质，能有效消肿利尿，减少脂肪在体内的堆积。

海茸

海茸对生长环境的要求极高，全世界只有智利南海沿岸未经污染的海域才有少量分布。因为生长周期和数量的限制，现在，它已被纳入限制性的开采资源。

另类美食

海洋世界无奇不有，一些长相特别的海洋动物虽然看起来怪怪的，但只要我们仔细研究就会发现，有的品种也是难得的上等美食。飘逸婀娜的海蜇，竹筒一般的竹蛏，丑陋内秀的海肠……它们在人类海鲜的美食排行榜上，都留下了闪亮的一页。

竹蛏

竹蛏同样是生活在潮间带或浅海海域的一种海产软体动物，因两片长长的外壳闭合时像竹筒而闻名。竹蛏富含维生素、蛋白质、钙、铁、糖类等多种营养成分，营养价值和经济价值都十分突出。

海肠

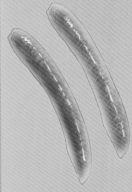

形如蚯蚓的海肠生活在海底，我国只有渤海出产。尽管外表不那么讨喜，可它的营养价值丝毫不亚于人们熟知的海参。早在没有味精的中国古代，人们就已经懂得用海肠来给菜肴调味了。直到现在，有些地区的人们还用它制作馅料。

海蜇

在中国，海蜇自古以来就被列为"海产八宝"之一。海蜇的体内含有一种毒素，人吃了可能会中毒。但只要经过特殊加工和处理，海蜇摇身一变就能成为抓住你味蕾的美食。口感清脆的海蜇头，韧性十足的海蜇皮，都值得细细品味。

海洋矿产资源

在地球漫长的演化过程中，各种复杂的地质作用促成了矿产资源的形成。这些资源是人类赖以生存和发展的基础，是地球给予人类的宝贵财富。而海洋除了拥有陆地现有的资源外，还蕴藏着陆地没有的资源。随着世界科技的迅猛发展和陆地资源的日渐枯竭，人类开始把目光转向了充满更多未知的海洋。

煤 炭

海底煤矿是人类最早发现并进行开发的海底矿产。从 16 世纪开始，世界各国陆续开始在海洋中开采"黑色金子"。英国是最先开采海底煤矿的国家，发展到现在，其海底煤矿已经多达 14 个。

海底煤矿

端 岛

19 世纪 80 年代，人们在端岛上发现了煤炭资源，于是开始有工人在此定居。后来，三菱公司买下这个岛进行海底煤炭开发，以至于这座 6.3 公顷的小岛上人口达到了 5259 人。20 世纪 70 年代，日本煤炭开采业务陷入低潮，端岛煤矿被迫关闭，岛上的工人也全都搬离。现在，这里已经变成了荒凉之地，到处都是断壁残垣。

煤炭的形成

千百万年前，地球上分布着很多植物。随着时间的推移，植物因环境变化，在地下高温高压的作用下发生变质，便慢慢堆积成一层腐殖质。接着，这些物质由于地壳运动被深埋在地下，长期与空气隔绝。在经过漫长而复杂的物理以及化学变化之后，可以燃烧的黑色化石——煤就形成了。

煤炭的形成过程示意图

石 油

　　尽管从进行大规模的石油开发到现在仅仅有约 100 年的历史，但高需求、高消耗已经让这种"血液"面临干涸的危险。一些专家根据现有情况预测，目前已探明的石油储量还可供人类开采数十年。于是，人们迫切地想要寻找新的石油资源，缓解这种压力。而拥有无限可能的海洋让人类看到了希望。

石油开采

　　1897 年，人类在征服海洋油田的进程中迈出了重要一步，美国最先在加利福尼亚州西海岸附近打出了第一口海上油井。20 世纪 40 年代，随着海洋石油钻探科技的进步，海洋石油工业开始迎来辉煌时刻。

中国自主设计的半潜式钻井平台"蓝鲸 1 号"，代表了世界海洋钻井平台设计建造的最高水平

90% 的油轮都是以蒸汽机为动力的。因为蒸汽机能提供加热原油的蒸汽，从而保证原油被顺利泵入油轮、被快速卸货

天然气

　　天然气的成因和石油类似，有时就会和石油贮藏在一起。钻探石油时所发生的井喷现象就是地层中的天然气在高压作用下喷发所造成的。

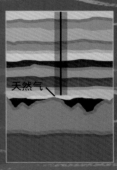

海洋

海洋

沉积岩

生物质变

天然气

天然气形成示意图

滨海砂矿

数千万至数百万年以前，陆地岩石中的各种矿物、矿体在自然的作用下，"迁居"到了海洋。经过沧海桑田之后，它们又在波浪和海流的帮助下，聚集到海湾、岬角等近海岸地带，变成了形状、密度、比重各不相同的珍贵矿藏，形成了滨海砂矿。

分 布

许多国家的沿海地区都分布着类型不一的砂矿：澳大利亚是世界上最大的金红石和锆石开采国；美国 90% 的白金原料来自阿拉斯加海滨；日本列岛沿岸遍布磁铁砂矿；泰国、印尼、马来西亚均是世界著名的锡矿砂开采国；中国有上百个砂矿床，矿藏种类达 60 多种。

金红石

金红石中可以提炼钛，这是一种耐高温、耐低温、耐腐蚀的矿物。无论是制造火箭还是制造卫星都少不了它。

火箭在发射升空的过程中，会与空气发生剧烈摩擦，如果温度过高就有可能被烧坏。因此必须使用特殊的耐高温材料。

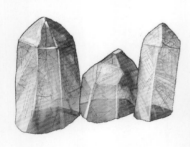

金红石

可燃冰

20 世纪 70 年代，人类在浩瀚的海洋中发现了模样酷似冰雪但可以燃烧的奇怪物质——可燃冰。因为它所含有的甲烷、乙烯等气体能够燃烧，且释放的有害物质微乎其微，使其成为理想的清洁能源。

可燃冰固态

惊人的开发价值

1 立方米的可燃冰在完全分解的条件下，可以释放出约 164 立方米的天然气。那么，根据已有的可燃冰的储量估算，它们释放的热量将是世界石油、煤炭和天然气释放热量的两倍还多。如果这种资源被充分开发和利用，那么对于人类来说该是多么惊喜的一件事。可喜的是，2017 年我国在南海北部神狐海域成功采获了可燃冰。

金刚石

　　金刚石是滨海砂矿出产的较贵重的矿产之一。经特殊工艺处理后的金刚石灿烂夺目，奢华亮丽，它就是我们所说的钻石。此外，这种由碳元素构成的坚硬物质还是做钻头、切割工具、研磨材料以及高温半导体等的重要原材料。据统计，全世界天然金刚石约有83%来自海洋。

金刚石

最大的钻石——库利南

　　1905 年 1 月 25 日，一个南非人无意间在普列米尔矿山上发现了一块重达 3106 克拉的金刚石。接着，这块纯净透明、带着微蓝色调的极品宝石被命名为"库利南"。之后，"库利南"一共被切割成了 9 粒大钻石和 96 粒小钻石，其中一块最大的"非洲之星"被镶嵌在英国女王的权杖上。

镇海之宝

　　因为富含各种陆地匮乏的金属元素，多金属结核素有"海矿中的镇海之宝"的美誉。其中的金属锰是制造坦克和钢轨的必备原料；金属镍可以用来制造不锈钢材；金属铜是制造电缆的重要材料；金属钛则是制造航天器不可或缺的材料。

运输车

挖掘车

埋在海底沉积物中的多金属结核

形似土豆的多金属结核

多金属结核

　　1868 年，人类首次在北冰洋喀拉海里发现了多金属结核。五年之后，英国科学考察船"挑战者"号在进行全球海洋调查的过程中，采集到了这种黑色的球状物。经研究，这种物质的主要成分是锰和铁，而且有不断向外生长的纹层，所以当时被取名为"锰结核"。后来，人们又分析出，这种物质含有铜、钴、镍、铅、锌、铝、稀土元素等 60 多种金属成分，因此它又有了"多金属结核"的名号。

漫长的生长季

　　多金属结核一般隐藏于海底沉积物上，通常在 4000～6000 米深度的海底最丰富。这种稀有矿产就像树的年轮一样，会围绕核心一点一点生长，直到形成一个同心圈层逐次包裹的结核体。不过，这个过程相当漫长，往往需要上百万年到数千万年的时间。尽管每千年增长 1 毫米的速度实在是有些缓慢，但庞大基数储量却让这种矿产年增长量多达 1000 万吨。

海底热液矿

在环境复杂的海底，有一些类似"烟囱"的雾状柱，它们源源不断地向外喷着"黑烟"或"白烟"。随着温度骤降，"烟雾"中的物质迅速凝聚、沉淀，"烟囱"周围的堆积物越来越多，"烟囱"也越来越高。其实，这就是海底热液矿床——一种稀有且不断生长的多金属矿床。

形 成

冰冷的海水沿着海底裂缝慢慢向下渗入，在接近岩浆或热源时，开始慢慢升温。随后，它会和正在不断涌升的地幔中的物质一起"相携"返回海底地面。在这个循环过程中，热海水沿途能溶解很多矿物质、金属离子等。在热液沉淀以后，沉淀物包含金、银、铜、铅、锌、锰等各种稀有金属。

独特的生态系统

海底热液区的环境非常复杂，一般生物在此根本难以生存。但从人类多次探索的结果来看，这里至少生活着400多个物种。它们当中的除了有蠕虫外，还有贝类、虾、腹足类动物，等等。

热泉生物系统

冰冷海水渗入

黑烟囱口的直径大约 15 厘米，不断涌出的热液与低温海水中的一些成分发生反应产生了黑烟，黑烟的温度超过 400 度。

未来的战略性金属

人们经过数十年的调查和研究发现，海底热液矿主要分布在中低纬度大洋中脊的中轴谷和火山口附近。它们分布比较集中，开采难度相对较小，最重要的是，这种矿产资源的金属含量是其他物质的上百倍。很多国家看到了海底热液矿潜藏的巨大价值，纷纷投入大量的人力、物力进行开采。

硫化物

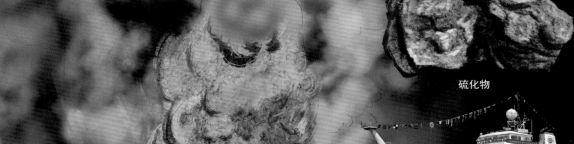

中国"向阳红01"科考船在大西洋采集到一块重约 3 吨的硫化物。

"黑烟囱"附近生活着一种状似口红的蠕虫。它们靠吸食海水中的化学物质维持生长。

海洋能

　　宽广汹涌的海洋宝库中有很多宝藏和资源，其中最普通、储量最多、应用最广泛的就是海水资源了。人类经过数千年的努力和探索，已经从海水中获取了多种可再生资源。这些资源不仅改善了人类的生产和生活方式，更给人类的能源开发和利用带来了巨大变革。

海浪能

　　海浪就像海洋的"脉搏"一样，无时无刻不在跳动。只不过它时而宁静平缓，微波粼粼，时而奔腾咆哮，巨浪滔天。其实，海浪的形成与风有关。受地球自转、太阳辐射不均以及地壳冷却等因素的影响，海面上才会形成"性格"不同的风。

　　海水波浪蕴藏着巨大的动力，只要人们合理利用，就能将它转化成高效的能源。现在，海浪发电是波浪能源利用的主要方式。不过，因为技术限制等，海水波浪能源的利用率并不高。

　　英国苏格兰的奥克尼群岛附近海浪资源十分丰富。2003年，人们在那里建造了第一个海浪发电试验场。

潮汐

很久以前，潮汐就为人类的航海、捕捞以及晒盐等活动提供了很大的便利。随着科技的进步和发展，潮汐发电逐渐成了这种可再生资源的新使命。

潮汐发电

与风能和太阳能发电相比，潮汐发电更容易预测。目前，潮汐发电主要有涡轮机发电和建坝发电两种形式。建坝发电通常成本比较高，而且对周围环境的影响较大。

首台潮汐发电机

世界首台潮汐发电机由英国工程师彼得·弗伦克设计，目前矗立在英国斯特兰福德湾。这台发电机长约 37 米，形似一个倒置的风车，产生的电量可供 1140 户家庭使用。

发电站

潮汐发电站是一种新型的水力发电站。在具备潮汐发电条件的海湾或海口修建拦水堤坝，然后在相应的位置安装水轮发电机组。这样，无论是海水上涨还是下落，经过水轮机时都会带动它运转，从而产生电量。

涡轮发电机

历史悠久的法国比尔洛潮汐磨坊

中国江厦潮汐电站

海洋空间的利用

随着世界人口的急剧膨胀，陆地的空间和资源变得越来越紧张。而海洋不仅拥有一望无际的辽阔海面，还有深不见底的海水和神秘莫测的海底。于是，人们运用智慧，在这个"生存的第二空间"上建造起一座座人工岛，架构起一座座跨海大桥，修筑起一条条海底隧道……经过多年孜孜不倦的努力和探索，这片特殊"沃土"的史册上已经被人类写下了无数个奇迹故事。

人工农田

为了缓解土地压力，人们不得不另辟蹊径，通过围海造田的方法来扩充土地。全世界围海造田最成功的是荷兰。荷兰人早在800年前就已经开始向大海进军了，要知道，现在20%的荷兰国土都是从大海中获得的。

抽水风车

五颜六色的风车让荷兰充满了诗情画意。其实，在很久以前，这些风车是荷兰人的排水工具之一。荷兰地势低洼，围海开垦出来的农田总是有很多积水。13世纪，荷兰人发明了动力风车，让它带动其他排水工具排出海水。

防潮木鞋

因为土地环境和气候的关系，荷兰的冬天潮湿又寒冷。500多年前，为了抵御寒冷，荷兰农民创造出了木制船形鞋。这种木鞋结实耐用，防潮保暖，而且又不会陷进泥沼。现在，木鞋已然变成了荷兰民俗文化的缩影，是很多人荷兰之行必买的工艺品。

河道纵横的农田

人工岛

巧夺天工的人工岛是在小岛或暗礁的基础上发展起来的，同样属于围海造田的一种。早期的人工岛是人们用树木或巨石在浅海海域建造的，而现在的人工岛多是通过填海建成的。其中的神户人工岛和迪拜棕榈岛就是典型代表。

香港国际机场

为了节省土地资源，充分利用海洋空间，很多地方开始着力于建造海上机场。中国香港国际机场就是其中比较成功的范例。它占地1200多公顷，其中四分之三的土地是通过填海而建造的，总共用了1.8亿立方米的建筑材料。

世界第八大奇迹

耗资约140亿美元的棕榈岛是目前世界上最大的人工岛，位于全球著名的金融中心——迪拜。它由四个群岛组成，几乎每个岛上都有奢华的住宅，各种娱乐设施、购物中心和主题公园，堪称"地球上的皇家花园"，所以被赞誉为"世界第八大奇迹"。

海底隧道

海底隧道不占用陆地空间，不妨碍船舶航行，又不影响生态环境，是一种安全、理想的海峡通道。为了让海峡两岸的人们可以更方便、快捷地往来，于是，人们开始对海底隧道展开积极探索。

1964—1987 年，日本历时 23 年，成功建成世界上第一条海底隧道——青函海底隧道。随后，海底隧道在世界各地犹如雨后春笋般涌现出来。英吉利海底隧道、日本对马海底隧道、中国厦门翔安海底隧道和青岛胶州湾海底隧道，以及跨越亚洲和欧洲的马尔马雷海底隧道，等等，无不凝结着人类的智慧，及人类对科技的运用。

海上桥梁

海上桥梁是维系两岸经济、文化的纽带，承载着两岸发展的新希望。随着各国科技水平的进步，越来越多的跨海大桥矗立在蔚蓝的海面上，形成了一道道如彩虹般绚丽的风景线。

海底隧道示意图

青函海底隧道

铺 设

铺设海底光缆需要面对深海高压、海水扰动等各种问题，并不是件容易的事。因此，人们经过潜心研究，发明了光缆铺设船和遥控潜水器。

海底光缆铺设船

港珠澳大桥

港珠澳大桥是世界上最长的跨海大桥，设计使用寿命长达120年。它全长55千米，其中包括一段6.7千米长、40多米深的海底沉管隧道。这座史无前例的大桥将中国的香港、珠海以及澳门紧密联系在一起，代表着中国超级工程的最高水平。

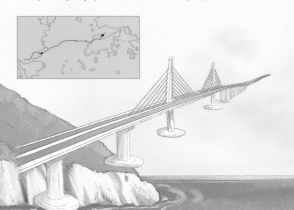

金门大桥

金门大桥堪称"近代世界桥梁工程史上的一个奇迹"。它始建于1933年，全长2737.4米，宽27.5米，是世界上第一座跨距千米以上的悬索桥。此外，超凡脱俗的造型，新颖靓丽的设计，让它赢得了"最佳上镜桥梁"的美誉。

港珠澳大桥海中主体桥梁总用钢量约40万吨，相当于60座埃菲尔铁塔。

海底餐厅

神秘的海洋世界总是让人心驰神往。过去，对于世人来说，在色彩斑斓的海底就餐似乎遥不可及。可现在人们把它变成了现实，世界各地陆续出现了海底餐厅。很多食客慕名前往，只为体验新奇的就餐方式，开启与海洋生物共饮的奇幻之旅。

2004年，国际著名旅游胜地马尔代夫建造了第一家海底餐厅。这家名叫"Ittaa"的餐厅四周是透明的有机玻璃，透视效果极好。顾客举目四望，就可看到多姿多彩的热带鱼、艳丽无双的珊瑚。

海洋医药资源

海洋就像一个蓝色牧场，孕育着万千生物。同时，它也是一个巨大的"医药原料仓"，源源不断地向人类提供很多珍贵药材，为人类的医学研究以及重大疾病的攻克做出了十分突出的贡献。相信随着科技水平的发展和进步，将会有更多海洋王国的成员们加入医用原料的大军中来。

抗病毒卫士

海洋生物中隐藏着很多医学难题的密码，一些医学家经过潜心研究已经破译了这些谜题，成功推动了医学科技的进步。在现有的海洋生物中，医学家们找到了很多抗病毒药物，它们将成为新一代抗病毒卫士。

海蛞蝓、海参、章鱼、虾等海洋生物的提取物对癌症和肿瘤有缓解、治疗作用。

抗癌新军

近年来，环境污染等因素导致人类患癌症的概率大大增加。每年，全世界大约有1400万新增的癌症患者饱受疾病的困扰。海洋医药资源上的新发现，为这些患者带来了希望。一些天然的海洋生物如鱼类、贝类、海藻，等等，就具有抗癌的作用。此外，海洋中的一些化合物对于癌症的治疗也有非常显著的疗效。

喜欢栖息在浅海海底的海鞘，是一种珍贵的抗病毒医药原料。其体内的环肽类化合物能抑制多种病毒繁殖、增长。

海绵的体内富含生物碱，这种活性物质对核糖核酸病毒具有明显的抑制作用。

草苔虫体内有一种草苔虫素。这种物质可以有效治疗结肠癌、淋巴癌以及白血病等病症。

医用新材料

医学科技的进步赋予了很多海洋生物新的使命，这其中就包括将一些海洋生物的某种物质转化成医用材料。

自带"盔甲"的虾蟹们体内有一种甲壳素。这种物质具有无毒、抗菌、促进伤口愈合的特性。所以，人们将其制作成了医用缝合线、人工皮肤和隐形眼镜，等等。

心脑血管病的克星

心脑血管疾病是严重危害人类健康的几大杀手之一。每年，全世界大约有1500万人被它夺走生命。为了寻找克制这种疾病的方法，人们努力探索，积极研究，终于在一些海洋生物中发现了新希望。

别看海胆浑身是刺，它可是防治心脑血管疾病不可多得的一味良药。以海胆为原料制成的药物不但可以提高人体免疫力、改善内分泌紊乱，还能降血脂、降血糖，对心脑血管疾病有明显的疗效。

新型代血浆

海洋生物千姿百态，总是能带给我们无限可能。现在，人们不仅从它们之中找到了治疗各种疾病的秘方，还发现了一种宝贵的代血浆。

海洋动物王国里有2000种海星，它们的足迹遍布潮间带和近海区域。然而就是这种看似普通的生物，却能"制造"出外科手术中所急需的"血浆"，帮助患者维持血压或增加患者血液循环中的血容量。

在古代中国，海藻就已经被当作一种传统药材入药了。这在古典药籍《本草纲目》和《海药本草》中都有记载。从海藻中提取的多种物质具有降低胆固醇、提升高密度脂蛋白等作用，是治疗心脑血管疾病的理想药物。

从深海鱼类体内提取出来的鱼油富含不饱和脂肪酸等多种物质。这些物质可以很好地降低血液黏稠度。

海洋牧场

牧场，是适合放牧的草场。在陆地上，牧场并不罕见。那么，你听说过海洋牧场吗？海洋牧场是利用自然的海洋环境，将人工放流的经济海洋生物聚集起来在海上放养，就像在陆地上放牧牛羊一样，不同的是，海洋牧场放养的是鱼、虾、贝、藻等生物。

海洋牧场分为渔业增养殖型海洋牧场、生态修复型海洋牧场、休闲观光型海洋牧场、种质保护型海洋牧场、综合型海洋牧场。

日本：1971 年，日本第一次提出海洋牧场的构想；1977 到 1987 年十年间，日本将"海洋牧场"计划付诸实践，并建成了世界上第一个海洋牧场——日本黑潮牧场。

韩国：1998 年开始实施"海洋牧场"计划，2007 年 6 月，一个面积约 20 平方千米的海洋牧场核心区在庆尚南道统营市竣工，取得了海洋牧场建设的初步成功。

美国：早在 1968 年美国就提出了建设海洋牧场的计划，并于 1972 年开始施行。1974 年，美国在加利福尼亚海域利用自然苗床培育了巨藻。

中国：我国海洋牧场近年来发展迅速，已建成生态修复型、增养殖型、休闲观光型和综合型等 4 种类型的海洋牧场共计 200 多个。

深远海养殖

深远海养殖是指在远离近岸，水深20 米左右海域进行海洋生物的智能养殖。当然，这个养殖过程是安全可控、生态高效的。目前深远海养殖的设施有深水抗风浪大网箱、潜式大型网箱、养殖工船、大型围网等。

"耕海 1 号" 坐底式网箱

目前，挪威、西班牙、美国、荷兰等国家都有了深远海养殖的成功案例。我国也已经开始了深远海养殖的探索，养殖工船、深远海养殖平台的建设进展快速，赴黄海冷水团的养殖工船已经下水试运转。

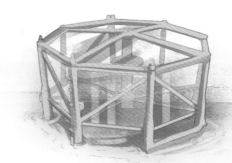

"深蓝 1 号"全潜式大型网箱首次在黄海冷水团养殖三文鱼

在莱州湾海域，一个大型钢制管桩生态围网已经建设完成，将会开展云龙石斑鱼、黄条鰤、半滑舌鳎等优质鱼类养殖实验。

大型管桩生态围网

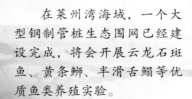

海洋捕捞

海洋是生命的摇篮，也是人类重要的"食物基地"，世界人口动物蛋白摄入量的 17% 来自水产品。在历史上，海洋捕捞业一直是水产品的重要来源，如今，海洋捕捞业仍然是渔业的主要支柱。20 世纪初，海洋捕捞业产量大约只有 350 万吨，随着科技的发展，设备的精进，到了 21 世纪，海洋捕捞量成倍增长，渔业资源过度捕捞状况日益严重。

渔业发展与生态环境保护协同共进的矛盾必须得到解决，因此海洋牧场和深远海养殖，都是对解决过度捕捞问题的很好的尝试。

海洋科考

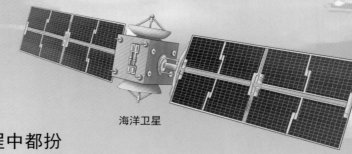
海洋卫星

从古至今，海洋在人类的发展历程中都扮演者举足轻重的角色。它无私奉献了数不清的食物，带来了珍贵的矿藏、资源，也曾在无意间夺走了很多人的生命。但一直以来，人类探索海洋的脚步从未停歇，而且依然对这个充满未知的蓝色世界饱含热忱之心。因为我们知道，只有更好地探索，才能更好地保护。

卫星"天眼"

海洋卫星被称赞为探测海洋的"天眼"。它能及时监测到海洋环境的变化，将复杂的数据和图像传送到地面，为人们进行海洋天气预报，预防海洋灾害提供重要信息。

海洋调查船

海洋调查船是海洋探索、海洋开发的"先遣部队"。船上一般拥有科考所需的仪器装置、起吊设备、研究实验室等常规设施，有的还配备了深海潜艇。

"向阳红01号"海洋综合科考船配备了水体探测、大气探测、深海探测等世界一流的调查系统。其中，最令人瞩目的就是海洋多道地震采集系统。它能给海底做"CT"，从而进一步探明海底地质构造。

中国"向阳红01号"海洋综合科考船

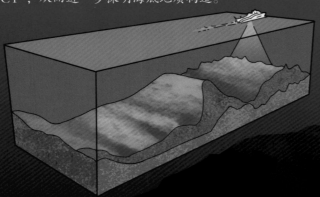

输出信号 →

反射信号 →

浮动的"监测站"

在暗潮涌动的海面上，人们时常能发现一些海洋浮标。这些默默无闻的"哨兵"其实是一种高度自动化的海洋气象水文观测设备。通过它，人们就可以获得海洋现象、海洋天气、海洋生态环境等方面的第一手资料。

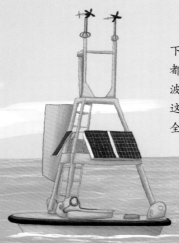

一般情况下，海洋浮标上都设有太阳能或波浪能蓄电池，这样能保证它们全天候工作。

声呐探测

20世纪初，一位英国海军发明了声呐。这种设备可以向海水发射一种超声波，同时接受其反射回来的发射波。人们利用反射波就能发现相应的目标。如今，声呐已经被广泛应用于渔业、海底地形、海底地貌的探测以及一些军事领域。

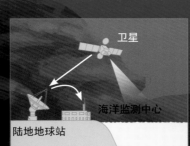

卫星

海洋监测中心

陆地地球站

深海钻探

为了更加详尽地了解海底的情况，人们发明了钻探船。目前，日本"地球"号是世界上最大的深海钻探船。2012年，它曾创下了7740米深的海底钻探纪录。另外这艘钻探船还创造了成功从可燃冰中采集到天然气的壮举。

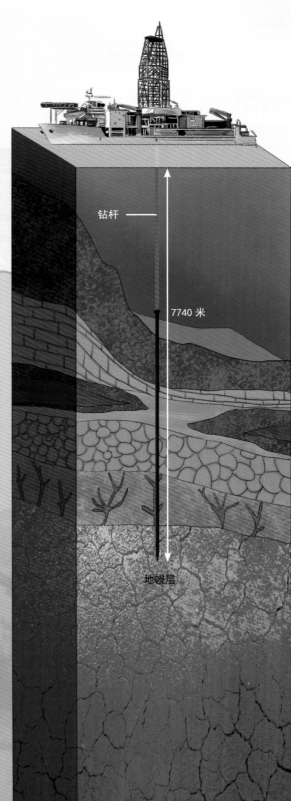

钻杆

7740米

地幔层

潜水器

随着海水深度的增加，海水的压力也越来越大。如果想要进行深海探索，就必须依靠深海潜水器的帮助。目前，全世界投入使用的各种载人潜水器有 90 多艘。其中，只有中国、美国、日本、法国和俄罗斯拥有可以下潜至 6000 米以上深度的载人潜水器。

深海"蛟龙"

"蛟龙"号载人潜水器是一艘中国自主设计、研制的作业型载人潜水器。2012 年 6 月，它在世界海洋的深渊——马里亚纳海沟成功创造了 7062.68 米的载人深潜纪录。至此，中国成为世界上第五个掌握载人深潜技术的国家。

水声通信

"蛟龙"号有一个神奇的绝技，那就是高速水声通信功能。这能让它将自己探测到的图像、语音等重要信息及时传输到母船上。

洞察一切的"第三只眼"：透过观察窗，人们能看到海中景象。

3.4 米

8.2 米

主要数据

灵巧的"龙爪"：左右各一个机械手，像螃蟹的钳子一样，可以抓取样品。

"蛟龙"号准备下海

超长作业准备

"蛟龙"号配备的是一种充油银锌蓄电池。这种电池容量大，能保证它的作业时间可达 12 小时。

精准悬停

　　"蛟龙"号具有先进的悬停定位和近底自动航行功能，能在极其复杂的深海环境下搜索目标并进行定位，从而高效精准地完成各项任务。

钛合金"盔甲"：厚约7厘米，能承受巨大的海压。

生命支持系统：为舱内的人员提供氧气、水、食物、药品，等等，保证他们正常的生命供给。

载人耐压舱：直径约2.1米，可载3人。

压载铁："蛟龙"号下潜、上浮的灵活"砝码"。

2009 年 3000 米

2011 年 5000 米

2012 年 7000 米

第八章
海洋危机
与保护

海洋微塑料污染

　　我们都听说过塑料污染，那么，什么是微塑料污染呢？其实，直径小于 5 毫米的塑料碎片就是"微塑料"，很多微塑料甚至可达微米乃至纳米级，肉眼根本看不到，因此也被形象地比作海洋中的"PM2.5"。专家研究估计，每年大约有 800 万吨塑料废物从陆地进入海洋，这些塑料垃圾会分解成无数的微塑料颗粒。科研人员实地调查发现，从近海到大洋，从赤道到极地，从浅海到深海，微塑料已经遍布整个海洋系统。

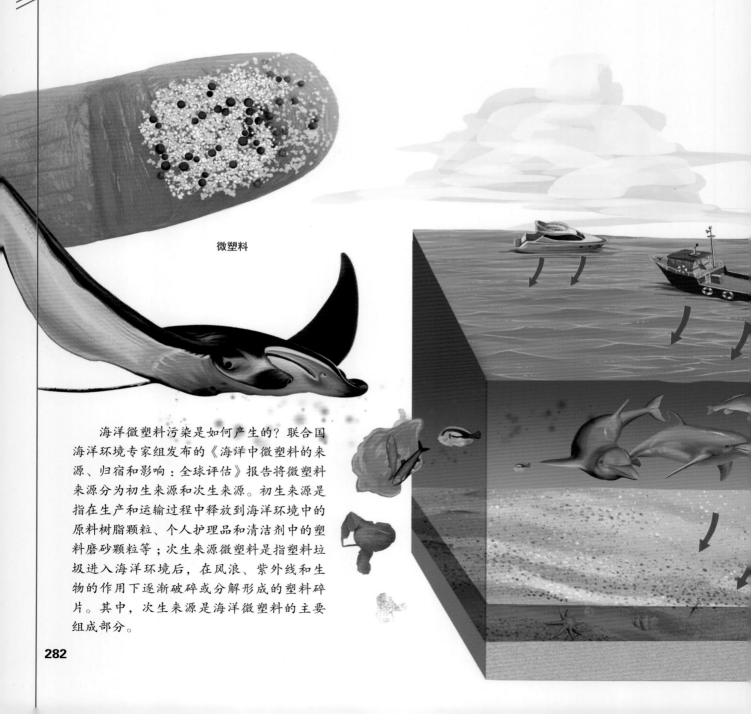

微塑料

　　海洋微塑料污染是如何产生的？联合国海洋环境专家组发布的《海洋中微塑料的来源、归宿和影响：全球评估》报告将微塑料来源分为初生来源和次生来源。初生来源是指在生产和运输过程中释放到海洋环境中的原料树脂颗粒、个人护理品和清洁剂中的塑料磨砂颗粒等；次生来源微塑料是指塑料垃圾进入海洋环境后，在风浪、紫外线和生物的作用下逐渐破碎或分解形成的塑料碎片。其中，次生来源是海洋微塑料的主要组成部分。

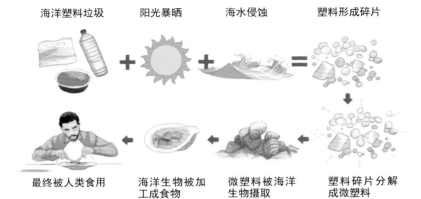

海洋塑料垃圾　阳光暴晒　海水侵蚀　塑料形成碎片

最终被人类食用　海洋生物被加　微塑料被海洋　塑料碎片分解
　　　　　　　　工成食物　　　生物摄取　　　成微塑料

海洋塑料垃圾的循环过程

科学家在 100 多种水生物种的体内发现了微塑料，小到浮游生物，大到鲸鱼，都不可避免地摄取了微塑料，人类在食用海鲜的同时，也吸收了它们体内的微塑料。即便你不吃海鲜，微塑料污染也已经拓展到了淡水资源中。

2014 年，首届联合国环境大会上，海洋塑料垃圾污染被列为"十大紧迫环境问题之一"。2015 年，第二届联合国环境大会上，微塑料污染成为与全球气候变化、臭氧耗竭等并列的重大全球环境问题。可见，海洋微塑料污染多么严重。

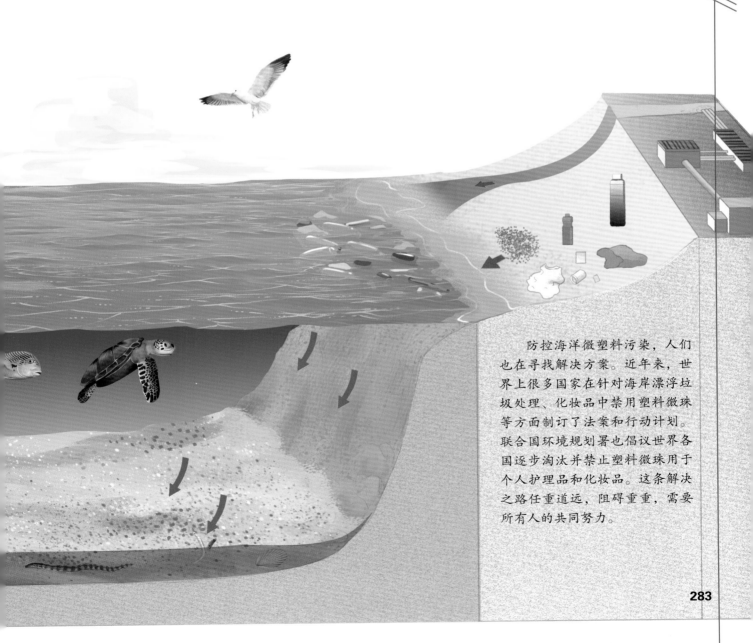

防控海洋微塑料污染，人们也在寻找解决方案。近年来，世界上很多国家在针对海岸漂浮垃圾处理、化妆品中禁用塑料微珠等方面制订了法案和行动计划。联合国环境规划署也倡议世界各国逐步淘汰并禁止塑料微珠用于个人护理品和化妆品。这条解决之路任重道远，阻碍重重，需要所有人的共同努力。

海洋危机

　　海洋母亲一直在以博爱的胸怀哺育着人类，为人们无私地贡献着各种资源。可是，环境污染、过度捕捞以及无限制的开发却让这位母亲满目疮痍。昔日纯净湛蓝的海水出现了油污；曾经生机勃勃的海洋动物王国失去了风采，有的成员濒临死亡甚至已经灭绝；令人向往的美丽沙滩、海岸，经常出现垃圾和废弃物……

污水入海

　　农业或工业上的废水如果未经处理就直接排入海洋，那么其中的一些物质很有可能引起海水富营养化，紧接着引发赤潮现象，破坏海洋生态平衡，给很多海洋生物带来灭顶之灾。

正在向波罗的海排放污水的管道

　　海水中的多种微小植物、原生动物或细菌等，受海水富营养化影响，有时会呈暴发性增殖、聚集。一方面这将导致海水中氧气骤减，另一方面变异后的藻类会含有毒素。受这两种因素的影响，一些海洋生物失去了生命。

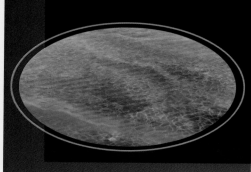

过度捕捞

　　现在，渔业技术越来越发达，人类对海洋资源的需求量也在逐年增加，以至于已经超过了海洋的实际承载能力。海洋渔业资源即将面临枯竭的危险。有人预测，如果不加限制，到2050年，人类可能就没有鱼可捕了。

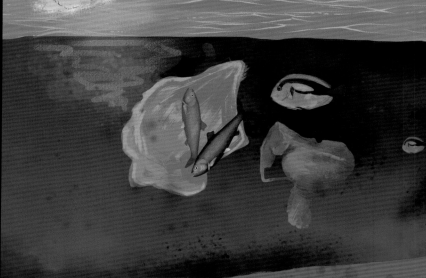

石油泄漏

有关研究表明，石油污染对海洋生态系统的破坏性很大。无论是含油废水的排放、油轮失事，还是油田开采溢漏和井喷，都可能让某一片海域变成生命的荒原。

石油污染不仅让无数海洋生物失去了原本美好的家园，还会给它们带来致命的伤害。一次突发的漏油事故，很有可能让上万只海鸟丧命。

2010年4月，英国石油公司在美国墨西哥湾所租用的石油钻井平台发生爆炸，造成大量原油泄漏，超过160平方千米的海面受到污染。

过度开发

为了吸引更多游客，获得更多利益，很多海滨受到了粗放型的开发。在这种情况下，一些海洋生物被迫失去家园，海岸生态环境也遭到破坏，海洋污染愈加严重。

堆积如山的垃圾

因为环保意识薄弱，很多人将海洋视为垃圾倾倒场，肆意堆放各种垃圾。其中，很多垃圾会跟随海水"漂洋过海"。要知道，这些垃圾一方面容易被海洋生物摄入体内，另一方面也可能变成海洋生物的夺命陷阱。

目前，夏威夷和加利福尼亚之间的海域是全世界塑料垃圾污染最严重的地区。受季风和洋流影响，这里已经形成了一个巨型垃圾带。海洋清理基金会的科学家们估计，垃圾带里至少有1.8万亿个塑料垃圾，重达8万吨。

海龟误以为塑料垃圾是可口的水母，殊不知对它来说，这是一种致命毒药。

满是生活垃圾的夏威夷海滩

海洋保护

人类制造的各种问题让海洋变得伤痕累累。为了让它焕发出新的活力，也为了人类的生存和发展，人人都应该认识到自身所肩负的责任和使命，共同行动起来，全力保护海洋生态环境，还海洋生物一个更洁净的家园。

我们在行动

为了减少生活垃圾对海洋的污染，很多人开始自发地加入清理海洋垃圾的行动中来。另外，人们在潜水、冲浪或进行沙滩活动后，会自觉将垃圾带走。平时，大家也尽量减少塑料制品的使用。这一点一滴，对海洋来说都是一种改变。

再造新家

红树林不仅能防浪护堤，而且可以吸收大量重金属、农药等对海洋生态环境有害的成分，最重要的是，它能为很多海洋生物提供天然的栖息地，促进海洋生态系统良性循环。基于这几点，人们开始在一些海岸植造红树林，改善沿海环境。

法律法规

为了保护日渐脆弱的海洋，人们不仅成立了各种组织，举办各种活动，还一起制定了相应的法律法规，充分约束公众的行为。如《联合国海洋法公约》《防止海洋石油污染国际公约》等。

设立特别保护区

为了保护和改善海洋生态系统，很多国家在具有特殊地理条件、海洋生物聚集等区域设立了海洋特别保护区。目前，中国已经设立了71处国家级的海洋特别保护区。

罗斯海海洋保护区

2017年12月，世界上最大的海洋保护区——罗斯海海洋保护区正式成立。这片保护区面积达155万平方千米，其中112万平方千米禁止任何船舶作业捕鱼。相信在世界各国的努力下，拥有世界最纯净、原始的罗斯海海洋生态系统能得到更好地保护。

罗斯海内准备下海觅食的阿德利企鹅

世界海洋日

每年的6月8日是世界海洋日。联合国设立这个节日的初衷是呼吁全世界人民行动起来，积极保护海洋环境、珍惜海洋资源，学会与海洋生物和谐相处。

第九章
未来海洋城市

未来海洋城市

当今，世界人口日益膨胀、陆地资源日益枯竭，人类居住的陆地环境面临着很多危机：气候变暖、冻土带渐融、粮食减产、能源短缺、森林资源锐减、耕地沙漠化……为了拓展生存空间，人们将目光转向了海洋。很多国家对此进行了构想，并尝试将理想变为现实。

亚历山大水下博物馆

亚历山大水下博物馆正在筹建，博物馆分为水上、水下两部分，水上部分展出已经修复的文物，水下是现存的古代文明，游客可以通过潜水或海底隧道到水下参观。如果这个博物馆建成，那么将是世界上第一个半潜式博物馆。

中国海上漂浮城市

为了缓解城市的压力，中国做出了一个海上漂浮城市的构想和设计。在设计中，城市分为水上水下多层，拥有住宅区、娱乐区、畜牧区、废物处理区等自给自足的生态系统，并配备有大量生活娱乐空间及设施，满足人们多方面的需求。

斐济波塞冬海底度假村

斐济波塞冬海底度假村位于南太平洋斐济境内的一个私人小岛上，是世界上第一个星级海底度假酒店。这里拥有不同的住宿环境，最特别的是位于水下12米深的海底客房，拥有270度的广角视野，可以饱览珊瑚礁和水中生态景观。

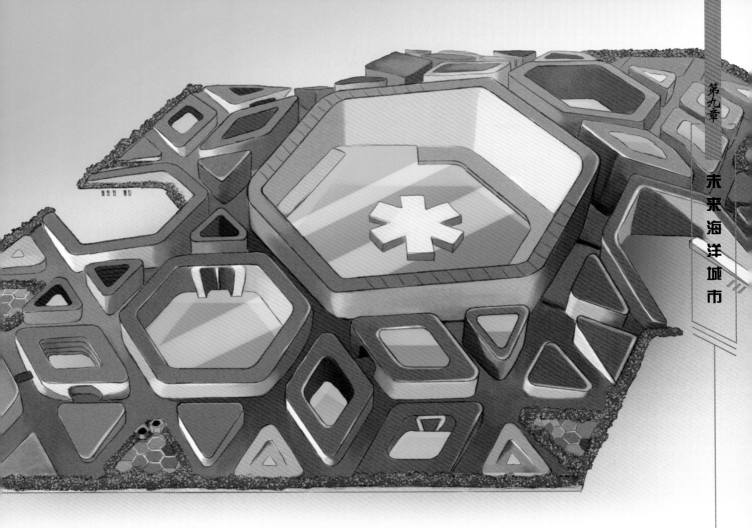

水下刮刀

　　水下刮刀的设计，是一个倒立式摩天大楼，更特别的是它位于水下，同时还运用了仿生学技术。发光的触手不仅可以通过运动收集能量，还可以为海洋动物群提供生活和聚集的场所。

"海洋螺旋"海底城市

　　日本建筑公司 Shimizu 提出了一个未来都市计划——海洋螺旋海底城市，就是在海底建造一座未来都市，建构分为三个部分：球体城市、螺旋形通道以及海底沼气制造厂。一个圆球城市可以容纳5000人，里面建设有齐全的设施和机构。大圆球直达水面，依靠海洋温差发电。如果遇到恶劣天气，球体城市就会潜入水中的螺旋通道中去……这个海底城市的构想计划在2030年实现。

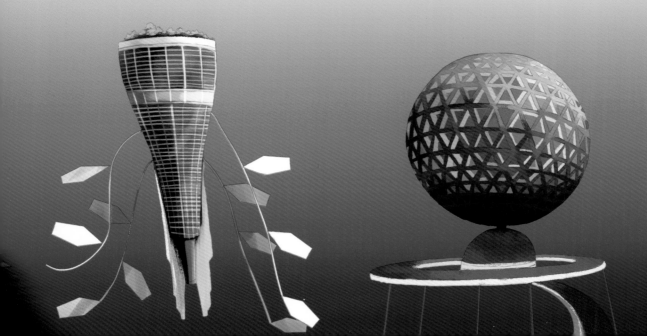

部分名词索引